普通高等教育"十一五"国家级规划教材

教育部高等学校电工电子基础课程教学指导委员会推荐教材

电子信息学科基础课程系列教材

程序设计（C++）
——基础、程序解析与实验指导

姚普选　编著

U0229699

清华大学出版社

北京

内 容 简 介

本书以 C++语言为载体,介绍了程序设计的基本思想、常用的程序设计方法以及算法、数据结构的概念等程序设计的相关知识与技能。本书的主要内容包括:程序设计基础知识与 C++程序设计的一般方法;算法、数据结构的概念及应用;数据类型的概念以及 C++中的常用数据类型;面向对象程序设计方法;模板、异常处理等机制的概念及应用;输入输出流与数据文件的概念及应用。

本书将理论知识、程序实例与实验指导整合为一体,尽力为各教学环节的融会贯通创造条件。本书注重程序设计理念的先进性、程序设计方法的实用性以及学习过程中思维的连贯性,对于主要概念、常用方法以及具有递进关系的系列内容,都根据教学活动中的实际需求予以精心的编排与讲解。

本书可用作高等院校计算机程序设计课程的教材,也可与《程序设计教程(C++)》一书一起作为教材,还可作为程序设计工作者的参考书。

本书封面贴有清华大学出版社防伪标签,无标签者不得销售。

版权所有,侵权必究。侵权举报电话:010-62782989　13701121933

图书在版编目(CIP)数据

程序设计(C++):基础、程序解析与实验指导/姚普选编著.—北京:清华大学出版社,2014
电子信息学科基础课程系列教材
ISBN 978-7-302-38095-5

Ⅰ. ①程… Ⅱ. ①姚… Ⅲ. ①C 语言－程序设计－高等学校－教材　Ⅳ. ①TP312

中国版本图书馆 CIP 数据核字(2014)第 221079 号

责任编辑:文　怡
封面设计:常雪影
责任校对:白　蕾
责任印制:杨　艳

出版发行:清华大学出版社
　　　网　　　址:http://www.tup.com.cn, http://www.wqbook.com
　　　地　　　址:北京清华大学学研大厦 A 座　　　邮　　编:100084
　　　社 总 机:010-62770175　　　邮　　购:010-62786544
　　　投稿与读者服务:010-62776969,c-service@tup.tsinghua.edu.cn
　　　质 量 反 馈:010-62772015,zhiliang@tup.tsinghua.edu.cn
　　　课 件 下 载:http://www.tup.com.cn,010-62795954
印 装 者:北京密云胶印厂
经　　销:全国新华书店
开　　本:185mm×260mm　　　印　张:19　　　字　　数:439 千字
版　　次:2014 年 12 月第 1 版　　　印　　次:2014 年 12 月第 1 次印刷
印　　数:1~2500
定　　价:35.00 元

产品编号:046767-01

　　程序设计是一门逻辑性与实践性都很强的课程,学生必须由浅入深地研习其内在逻辑,循序渐进地阅读足量程序并且独立自主地完成相应实验(上机编辑、调试和运行程序)任务,才能在学习和实践中逐步理解程序设计的基础知识、掌握通过特定工具(程序设计语言、软件开发环境等)进行程序设计的基本技能,同时将渐次而来的对于程序设计本质的感悟内化为自己的科学素养。有鉴于此,笔者在《程序设计教程(C++)》[①]教材的基础上,根据全国高等院校计算机教学指导委员会的相关文件,结合自己多年来的教学实践以及计算机基础教育的实际需求,精心编写了本书。

　　本书涵盖高等院校理工科"程序设计"课程的必要内容,这些内容编排在 10 章(分别对应于《程序设计教程(C++)》的第 1～10 章)之中:

- 程序设计的概念与 C++程序设计的一般方法。
- 数据类型的概念、C++的基本数据类型与表达式。
- 算法的概念、算法的三种基本结构及其 C++程序实现。
- 函数与编译预处理机制。
- 构造类型与顺序表操作。
- 指针应用与链表操作。
- 类和对象的概念及应用。
- 类的继承性与多态性的概念及应用。
- 模板、异常处理与命名空间机制。
- 输入输出流的应用与数据文件操作。

　　本书在选取教学内容时,注重程序设计理念的先进性和程序设计方法的实用性;在编排各部分内容时,尽可能照顾学生在学习过程中的思维连贯性;在讲解核心词语、抽象概念与重要技能时,详细说明其来龙去脉、优点与局限且常以简洁易懂的实例加以佐证。

　　本书兼顾各教学环节的实际需求,每章都编排了三部分内容:

- 基本知识:介绍程序设计的基础知识、基本技能及其 C++程序实现方法。
- 程序解析:讲解相关程序设计任务、解决问题的思路、编程序所依据的算法、程序的运行结果以及修改或扩充程序的思路等。
- 实验指导:包括验证某种概念和方法的基本实验、运用多种概念和方法的综合性实验以及可能会引起思考或研究欲望的"启发性"实验。

[①]　见《参考文献——1》

丰富多彩的程序解析是本书的一大特色。这些程序都经过了精心的选编、归并和讲解,作为相应章节的程序设计理念和方法的例证,可供学生研读、模仿或者改进和扩充。在确定编程序所依据的算法时,笔者尽量采用那些可以从相应概念或工作原理出发而自行构拟的算法,对于某些必须学习的传统或者经典算法,也尽可能讲清楚其来由、特点与适应范围。例如,在确定求解高次方程的算法时,首先从给定的形如 $f(x)=0$ 的方程式推导出形如 $x=g(x)$ 的迭代式,然后构拟通过这种自行推导出来的迭代式来逐步求得 x 值的算法;在需要使用经典的"牛顿迭代法"时,除了给出其一般形式的迭代式及其使用方法之外,还从其几何意义入手,讲解了构拟这种方法的依据。

每章的实验指导也都是按照教学活动中的实际需求精心编排的。一章中安排两到三个实验,每个实验往往需要编写并运行多个程序。这些实验中的几个程序往往自成一个由浅入深、循序渐进的体系;几个实验之间构成一个紧扣相关学习内容的完整体系;每章的实验又与前后各章互相照应,成为本书构拟的实验体系中不可或缺的一环。一般来说,按部就班地完成本书规定的实验任务,就可以基本掌握相应的知识和技能了。

本书还有三个附录:

附录 1,标准 ASCII 码表。

附录 2,程序调试与纠错的概念及其一般方法。

附录 3,Visual C++ 图形用户界面程序(Windows 程序)的概念及其程序设计方法。

本书可以作为高等院校程序设计课程的教材,也可与《程序设计教程(C++)》一书配套使用。采用本书作为教材的程序设计课程以 56～64(包括上机时数)学时为宜。学时太少时,可以少讲或不讲模板、输入输出流的概念、异常处理的概念等。学时较多时,可以讲解附录 3 的内容,并指导学生做两到三个模仿性的实验。另外,本书的内容选编以及讲解方式也照顾到了非在校大学生的程序设计工作者的需求,可以作为工作或学习过程中的参考书。

程序设计技术博大精深且仍处于不断发展变化之中,受篇幅、时间、读者定位、程序设计语言与环境以及作者水平等种种限制,这本书所涵盖的内容及所表达的思想可能会有所局限。因而,笔者希望传达给读者的信息是否正确或者是否得体,还要经过读者的检验。望广大读者批评指正。

姚普选

2014 年 8 月

目录

目录

目录

第1章 程序设计的概念

本章的主要学习任务包括：
- 计算机程序设计的基本概念。
- C++程序的一般结构及其各组成部分的一般功能与特点。
- Visual C++[①]软件的功能、特点以及控制台工程的创建、编辑和运行方法。

通过本章学习，可以初步理解计算机程序设计的意义、特点以及解决实际问题的一般方法，了解 C++程序的一般结构，掌握通过 Visual C++软件开发环境来编辑和运行C++程序的一般方法。

---

① 为方便起见，本书中将 Microsoft Visual Studio 软件开发环境简称为 Visual C++软件。

1.1　基本知识

　　一个 C++程序是由一系列 C++语句构成的,这些语句通常分门别类地组织成一个函数,通过函数之间的互相调用而成为一个整体。其中必有一个名为 main()的主函数,是 C++程序执行的起点。

　　Visual C++是一种具有程序的编辑、编译、调试、连接装配以及保存和运行等一系列功能的集成开发环境,可在其中完成 C++程序的编写和运行过程中的所有工作。

1.1.1　C++程序中的语句及命令行

　　人在日常生活与生产活动中,需要解决各种各样的问题,往往都会经历先收集相关信息,再进行相应处理,最后给出结果这样 3 个阶段。与人处理问题的方式十分相似,在一个 C++程序中,往往也包含完成这 3 种任务的语句。

　　例 1-1[①]　分析程序:

```
//例 1－1_求两数之和
# include < iostream >
using namespace std;
int main()
{    int x1,x2,y;
     x1 = 90;
     x2 = 88;
     y = x1 + x2;
     cout <<"x1 + x2 = "<< y << endl;
     return 0;
}
```

　　注:C++编译器区分字母的大小写,即将大写字母和相应的小写字母当作不同的字符。

　　该程序的功能为,先准备两个整数,再求两数之和,最后输出和数。

　　1. 程序中的主函数

　　程序的主要功能由主函数(名为"main"且由一对花括号"{"和"}"定界)中的一连串 C++语句来完成。一个 C++程序总是从 main()函数开始执行,当 main()函数执行完毕返回时程序结束,无论 main()函数放在程序的任何位置都会如此。

　　本程序的主函数中包含多条语句,可以按功能分为 3 部分:准备数据部分、运算部分和输出结果部分。

---

　　①　本书中例题多为《程序设计教程 C++》(姚普选等编著,清华大学出版社 2011 年出版)中的习题,本例就是原教材中第 1 章的第 8 题。

（1）语句

```
int x1,x2,y;
```

定义了三个整型变量 x1、x2 和 y,分别用于存放两个整数以及和数。语句

```
x1 = 90;
x2 = 88;
```

给两个整型变量赋值,即将两个整数分别存放到两个变量中(实际上是存放到变量所表示的存储单元中)去。如果将这两条语句改为

```
cin >> x1 >> x2;
```

则可在程序运行后,由用户临时输入两个数来给两个变量赋值。输入时,两个数之间用空格隔开,两个数之后加上回车键。

注：C++语言规定：程序中要用到的所有变量都必须先定义,然后才能使用。

（2）语句

```
y = x1 + x2;
```

进行加法运算,即将右式中两个变量的值相加并将和数赋值给左式的变量(存放到该变量所表示的存储单元中)。

（3）语句

```
cout <<"x1 + x2 = "<< y << endl;
```

用于输出和数,其中包含两个输出项"x1＋x2＝"和 y,前者是一个将要原样输出的字符串,后者是将要输出其值的存放了和数的变量。

（4）语句

```
return 0;
```

比较特殊,这是因为 ANSI/ISO 标准 C++要求 main()函数定义为 int 型且某些操作系统要求在执行了一个程序之后向操作系统返回一个数值才加入的。

注：C++往往这样处理：如果程序正常运行,则向操作系统返回 0,否则返回—1。

2. 程序中的注释

本程序中第 1 行

```
//例 1－1_求两数之和
```

是为了便于阅读理解程序而编写的注释。注释可以放在一行中的"//"符号后面或者放在"／＊"和"＊／"符号之间,不影响程序的执行。

3. 程序中的文件包含命令

本程序中的第 2 行

```
#include <iostream>
```

包含了头文件 iostream，这是 C++ 的标准输入/输出库文件，其作用是给程序提供与输入/输出操作相关的信息，当一个程序包含了该文件时，就会自动定义与键盘输入相关联的输入流对象 cin 以及与屏幕输出相关联的输出流对象 cout 在内的多个标准流。也就是说，有了这一行，其后的程序中就可以使用 cin 来输入变量的值并使用 cout 来输出变量的值了。

这种文件包含命令是 C++ 的"编译预处理命令"，用于指示编译器在对本程序进行预处理时，将另一段 C++ 源程序文件的内容嵌入本程序的相应位置上。当前源程序文件和文件包含命令嵌入的源程序文件在逻辑上看作同一个文件，经过编译后生成统一的目标文件。

注：文件包含命令以"#"开头且末尾没有分号。

4. 程序中的指定命名空间语句

本程序中第 3 行

```
using namespace std;
```

的意思是，使用命名空间 std。C++ 标准库中的函数和类是在命名空间 std 中定义的，故当程序中要用到 C++ 标准库时，就需要这样声明。

1.1.2　C++程序中的函数

C++ 语言采用函数的形式来组织程序。一个 C++ 程序常由多个函数组成，函数之间是互相独立的，但可以互相调用。

例 1-2　分析程序：

```cpp
//例1-2_求分段函数的值
#include <iostream>
#include <cmath>
using namespace std;
//求y值的函数
float yy(float xx)
{   if(xx>=0)
        return pow(xx,3)-9;
    else
        return sin(xx)+3;
}
//主函数
int main()
{   float x,y;
    cout <<"x = ?"<< endl;
    cin >> x;
    y = yy(x);
```

```
    cout <<"y = "<< y << endl;
    return 0;
}
```

本程序的功能是,输入变量 x 的值,根据下面的函数计算 y 的值,然后输出 y 值。

$$y = \begin{cases} x^3 - 9 & (x \geqslant 0) \\ \sin(x) + 3 & (x < 0) \end{cases}$$

1. 程序中的用户自定义函数

本程序的第 6~11 行是一个名为"yy"的用户自定义函数,它由函数头语句

```
float yy(float xx)
```

和一对花括号"{"和"}"括起来的函数体构成。

(1) 头语句的括号中定义了浮点型参数 xx(用 float 定义的浮点型自变量),它只有在被其他函数中的相应语句调用时才会有值,因而称为形式参数(或虚拟参数)。函数名 yy 之前的 float 指定了该函数在被调用而执行后得到的函数值是浮点数,这个值是该函数体中的 return 语句赋予函数名的。

(2) 函数体内的 if 语句

```
if(xx >= 0)
    return pow(xx,3) - 9;
else
    return sin(xx) + 3;
```

根据题目的要求,使用参数 xx 计算函数的值并将结果赋予函数名。if 语句中包含了条件"xx>=0"并嵌入了两条 return 语句。该语句在执行时,根据条件是否成立来确定执行哪条 return 语句。

2. 程序中的函数调用

在本程序中定义了 yy() 函数之后,main() 函数中的语句

```
y = yy(x);
```

调用了该函数。调用时,使用已被赋值的变量 x 代替了函数中原有的形式参数 xx。调用时使用的变量 x 称为实际参数。

在 yy() 函数因被调用而执行时,其中的形式参数 xx 得到了实际参数 x 传递过来的值,计算得到函数的值并将其值赋予"="左边的 y 变量。

yy() 函数也可以在 main() 函数之后定义,但当 main() 函数需要调用在它后面定义的 yy() 函数时,需要先使用语句

```
float yy(float x);
```

或简写为

```
float yy(float);
```

来声明它。

3. 程序中调用的标准函数

在 yy()函数体内的 if 语句

```
if(xx>=0)
    return pow(xx,3)-9;
else
    return sin(xx)+3;
```

中，嵌入了两条 return 语句。它们分别调用了函数 pow()和 sin()，这两个函数都是 Visual C++在"cmath"头文件中预先定义好的，称为标准函数。必要时，只需添加一个本程序第 3 行那样的文件包含命令

```
#include<cmath>
```

就可以在后面的程序中调用它们了。

1.1.3 Visual C++的控制台工程

Visual C++为用户提供了可视化的集成开发环境，其中包括了所有设计、调试、配置应用程序所用到的工具。通过这些工具，可以很容易地创建程序中的代码和可视化部分，及时地观察界面设计过程中的变化，并利用调试功能来查错和纠错，从而快速地设计出符合要求和使得用户满意的应用程序。

1. 工程的概念

在 Visual C++软件中，一个程序称为一个工程或项目（Project）。通过 Visual C++进行 C++程序设计时，需要创建工程并在其中完成 C++源代码的编辑以及程序的编译、调试、连接、保存和运行等一系列工作。

工程又称为项目。它有两层含义：一是指最终生成的应用程序；二是指为了创建这个应用程序所需要的全部文件的集合，包括各种源程序文档、资源文件和配套的文档等。目前大多数流行的软件开发工具都利用工程来对软件开发过程进行管理。

Visual C++中编写并处理的任何程序都与工程有关（都要创建一个与之相关的工程），工程用于组织应用程序的资源。一个工程对应一个文件夹，工程名就是文件夹名。一个工程中的所有文件都存放在相应的文件夹中，包括源程序代码文件（.cpp、.h）、工程文件（.dsp）、工程工作区文件（.dsw）以及工程工作区配置文件（.opt）等，可能还会包含 Debug（调试）、Release（发行）或者 Resource（资源）等子文件夹。

2. 工程与工作区

Visual C++中的每个工程都与一个工程工作区相关联。Visual C++通过对工程工作

区的操作,可以显示、修改、添加、删除资源文件。最简单的情况下,一个工作区中存放一个工程,代表着某个要进行处理的程序。必要时,也可以把多个工程存放在一个工作区中,其中可以包含某个工程的子工程或者与其相互依赖的其他工程。也就是说,Visual C++允许用户在一个工作区内添加多个工程,其中有一个是活动的(默认的),每个工程都可以独立地编译、连接和调试。

注:本书中的例子都是在一个工作区中存放一个工程。

可见,工程工作区就像是一个"容器",由它来"盛放"相关工程的所有信息,在创建一个新工程时,同时要创建这样一个工程工作区,然后通过相应的窗口来观察与存取该工程的各种元素及其相关信息。

创建了工程工作区之后,系统自动创建一个相应的工作区文件来存放该工作区的相关信息。另外,还会创建其他几个相关文件,如工程文件以及选择信息文件等。

3. Visual C++的控制台工程

Visual C++中预置了多种类型的工程。用户在编程序时,首先要选定合适的工程类型,然后创建工程并在其中完成程序的编辑、编译、连接、调试与运行等一系列工作。选定不同的工程类型意味着通知 Visual C++系统帮助自己提前做好预期的准备工作(初始化工作)。例如,事先自动生成一个底层程序框架(可称为框架程序)或者进行某些隐含设置(如隐含位置、预定义常量、输出结果类型等)。

在诸多不同类型的工程中,"控制台工程(Win32 Console Application)"是一种用于 C++程序设计的最简单的工程类型。本书中大多数程序都是通过这种工程来编写和处理的。

创建了一个控制台工程或者打开了一个已有的控制台工程之后,Visual C++软件就会在自己的窗口中显示相应的源代码编辑窗口,用户可在此编辑 C++程序的源代码并通过 Visual C++窗口中的其他功能来完成一个 C++生命周期中的所有工作。

注:Visual C++的控制台工程小巧而简单,但足以解决并支持本课程中涉及的绝大多数程序设计内容和技术,使我们把关注的重心放在程序本身而非界面处理等其他方面。

4. C++程序设计的一般过程

如果已经确定了解决问题的"算法"并且确定了要在 Visual C++中编写 C++程序来实现这种算法,则可以按照以下步骤来完成程序设计任务:

(1) 启动 Visual C++,在其中创建一个工程。

(2) 编辑 C++程序,其中包括用于输入数据、进行相应处理以及用于输出处理结果的 C++语句。

(3) 编译 C++程序,就是调用编译程序来把 C++语言的源程序翻译成计算机可以识别的目标程序(由二进制代码构成)。在编译 C++程序的过程中,要进行词法分析、语法分析、语义检查(生成中间代码)、代码优化以及生成目标代码并给出相应的提示信息。

如果进行词法分析和语法分析时发现了语法错误，也要给出相应的信息。

（4）连接程序（生成可以运行的.exe文件），就是把编译所产生的.obj文件和系统库连接装配成一个可以执行的程序。

注：为什么要把源程序翻译成可执行程序的过程分为编译和连接两个独立的步骤呢？主要原因是，一个较大或较为复杂的程序（在 Visual C++ 中称为一个项目）可能是由多人共同编写的，每个人只负责其中一部分模块且往往采用自己熟悉的语言来编写。这样，一个程序中的某些模块可能是用汇编语言编写的，另一些模块又可能是用 C++ 编写的，还有些已有的标准库模块或者购买的模块可能就是目标代码而非源程序模块，因此，需要先将这些不同种类的源程序模块按照各自的方式分别编译成目标程序文件，再通过连接程序把这些目标程序文件连接装配成统一的可执行文件。

（5）运行程序，就是启动已生成的可执行程序（可以运行的.exe文件），运行它并得到结果。程序运行过程中，往往需要根据程序中预先设定的内容输入必要的数据，从而得到所期望的结果。

（6）保存程序，就是将已经编辑好的程序保存到磁盘等外存储器上。因为一个工程中往往包括多个不同种类的文件（头文件、源代码文件、目标文件、可执行文件等），所以在保存程序时要注意完整地保存相应工程中的全部内容。

上述步骤中，第（1）步的编辑工作最为繁杂而且需要人工在计算机上完成，其余几个步骤则相对简单，基本上是由计算机自动完成的。

5. C++程序的调试

Visual C++中，如果程序在编译或者连接时出错，则系统会在"错误列表"窗口中显示出有关的提示信息或者出错警告信息。如果是编译时出错，只需双击该窗口中的出错信息，就可以自动跳到相应的程序行，从而快速定位到错误代码处。但当编译和连接都正确而执行结果有误时，就需要使用调试工具来帮助"侦察"出程序中隐藏的出错位置（往往是某种逻辑错误）。

注：编译和连接都正确只能说明程序没有语法和拼写上的错误，但在算法（逻辑）上有没有错误，还要通过结果来检验。

在 Visual C++中，可以采用多种方法来调试程序。例如，在某处设置断点、单步执行程序或者使用断言等。

1.2 程序解析

本章解析的3个程序分别用于：求解数学表达式的值、求解线性方程组以及通过自定义函数的定义和调用来作出合理的判断。阅读和理解这3个程序可以帮助读者理解 C++程序的一般结构，学会编写最常用的具有赋值、输入和输出等功能的 C++ 程序。

程序 1-1　计算并联电阻

本程序的功能为：根据物理学中的公式，计算包含了多个并联电阻的电路中的电阻值和电流值。

1. 编程序所依据的算法

（1）输入并联电阻 r_1 和 r_2。

（2）求并联电阻：$r = \dfrac{r_1 r_2}{r_1 + r_2}$。

（3）如果两端电压为 u，求总电流和经过每个电阻的电流。

（4）输出总电阻和电流。

【提示】　程序中变量 r_1 和 r_2 分别写成 r1 和 r2。求并联电阻的公式写成

$$r = (r1 * r2)/(r1 + r2)$$

2. 程序源代码

```cpp
//程序 1-1_计算并联电阻
#include <iostream>
using namespace std;
//主函数
int main()
{   float r1,r2,u;                              //定义需要输入其值的变量
    float r,i,i1,i2;                            //定义需要计算并输出其值的变量
    cout <<"两个电阻_ r1? r2?"<< endl;           //提示输入两个电阻值
    cin >> r1 >> r2;                            //输入两个电阻值
    r = (r1 * r2)/(r1 + r2);                    //计算总(关联)电阻
    cout <<"总电阻 r = "<< r << endl;            //输出总电阻
    cout <<"电压_ u?"<< endl;                    //提示输入电压值
    cin >> u;                                   //输入电压值
    i = u/r;                                    //计算总电流
    i1 = u/r1;                                  //计算经过电阻 r1 的电流
    i2 = u/r2;                                  //计算经过电阻 r2 的电流
    cout <<"电路中的总电流 i = "<< i << endl;      //输出总电流
    cout <<"经过电阻 r1 的电流 i1 = "<< i1 << endl; //输出经过 r1 的电流
    cout <<"经过电阻 r2 的电流 i1 = "<< i2 << endl; //输出经过 r2 的电流
    return 0;
}
```

本程序中的几个输出变量实际上可以不要。例如，如果没有定义表示总电阻的 r 变量，则可使用语句

```cpp
cout <<"总电阻 r = "<<(r1 * r2)/(r1 + r2)<< endl;
```

代替语句

```
r = (r1 * r2)/(r1 + r2);
cout <<"总电阻 r = "<< r << endl;
```

来计算并输出总电阻的值。当然,此后在计算总电流时,就需要重新计算总电阻的值了。

3. 程序运行结果

本程序的一次运行结果如下:

```
两个电阻_ r1? r2?
200 300
总电阻 r = 120
电压_ u?
220
电路中的总电流 i = 1.83333
经过电阻 r1 的电流 i1 = 1.1
经过电阻 r2 的电流 i2 = 0.733333
```

注:带有底纹的内容是程序运行时自动输出的,无底纹的内容是用户输入的。本书后面的程序运行结果都按这种形式编排。

程序 1-2 求解二元一次方程组

本程序的功能为:求解二元一次方程组:

$$\begin{cases} 2x - 3y = 12 \\ 3x + 7y = -5 \end{cases}$$

1. 编程序所依据的算法

（1）输入 a_1、a_2、b_1、b_2、c_1、c_2 的值,其中 a_1 和 b_1 为第 1 个方程的两个系数,a_2 和 b_2 为第 2 个方程的两个系数,c_2 和 c_2 为两个方程等号右边的值。

（2）求三个行列式的值:$d = \begin{vmatrix} a_1 & b_1 \\ a_2 & b_2 \end{vmatrix} = a_1 b_2 - a_2 b_1$

$$d_x = \begin{vmatrix} c_1 & b_1 \\ c_2 & b_2 \end{vmatrix} = c_1 b_2 - c_2 b_1, \quad dy = \begin{vmatrix} a_1 & c_1 \\ a_2 & c_2 \end{vmatrix} = a_1 c_2 - a_2 c_1。$$

（3）求方程的根:$x = \dfrac{d_x}{d}$,$y = \dfrac{dy}{d}$。

（4）输出方程的根 x 和 y。

2. 程序源代码

```
//程序 1 - 2_求解二元一次方程组
#include <iostream>
using namespace std;
//主函数
```

```
int main()
{   //定义变量
    float a1,a2,b1,b2,c1,c2;          //需要输入其值的变量(各系数)
    float d,dx,dy;                    //计算过程中用到的中间变量
    //输入变量的值
    cout <<"第 1 个方程的系数_ a1? b1? c1?"<< endl;
    cin >> a1 >> b1 >> c1;
    cout <<"第 2 个方程的系数_ a2? b2? c2?"<< endl;
    cin >> a2 >> b2 >> c2;
    //求系数构成的行列式的值
    d = a1 * b2 - a2 * b1;
    dx = c1 * b2 - c2 * b1;
    dy = a1 * c2 - a2 * c1;
    //计算并输出方程的根
    cout <<"方程的根: x = "<< dx/d <<" y = "<< dy/d << endl;
    return 0;
}
```

本程序中未定义用于表示计算结果的变量,而是直接在输出语句中计算并输出方程的两个根。

3. 程序运行结果

按照给定的二元一次方程组,本程序的运行结果如下:

```
第 1 个方程的系数_ a1? b1? c1?
2 - 3 12
第 2 个方程的系数_ a2? b2? c2?
3 7 - 5
方程的根: x = 3 y =- 2
```

程序 1-3   判断考试是否及格

本程序的功能为: 判断学生考试是否"及格"并输出判断结果。

1. 编程序所依据的算法

(1) 输入某个学生一门课的成绩。
(2) 如果成绩在 60 分以上,输出"及格",否则输出"不及格"。

【提示】 输出"及格"的语句如下:

```
cout <<"及格";
```

2. 程序源代码

```
//程序 1-3_判断考试是否及格
# include < iostream >
# include < string >
```

```
using namespace std;
//自定义函数_判断考试是否及格
string Passed(int score)
{    if(score>=60)
         return "及格了!";
     else
         return "不及格!";
}
//主函数_判断考试是否及格
int main()
{    int grade;
     string name;
     cout <<"学生的分数? 姓名?"<< endl;
     cin >> grade >> name;            //输入学生的考试成绩和姓名
     string Is = Passed(grade);       //调用函数 Passed()来判断成绩是否及格
     cout << name << Is << endl;      //输出学生姓名以及考试是否及格的信息
     return 0;
}
```

　　本程序中,自定义了一个判断考试是否"及格"的函数 Passed(),它的功能为,判断形式参数 score 的值(被调用时由实际参数传递值)是否大于或等于 60,是则求得函数值"及格了!",否则求得函数值"不及格!"。

　　在 main()函数中,语句

```
string Is = Passed(grade);
```

调用了函数 Passed(),并在该函数开始执行时将实际参数 grade 的值传递给形式参数 score,函数求值的结果赋予 Is 变量。

　　本程序中,Is 变量是在使用时直接定义的,这样做会带来方便。Is 变量被定义成"string"类型,这种数据类型不属于 C++ 的标准类型,也就是说,C++中并未预先定义这种类型,编程序时不能直接使用。因此,程序的第 3 行

```
# include < string >
```

中包含了 string 类型所在的头文件 string。

　　注: 实际上,string 是 string 头文件中定义的一个"类"而并非通常意义上的数据类型,因此,Is 变量实际上是依据 string 类所生成的一个"对象"。类和对象的概念将在第 7 章中讲解。

　　3. 程序运行结果

　　本程序的一次运行结果如下:

```
学生的分数?姓名?
91 张京
张京及格了!
```

本程序的另一次运行结果如下：

学生的分数?姓名?
35 王莹
王莹不及格!

1.3 实验指导

本章安排 3 个各有侧重的实验：

（1）认知 Visual C++ 软件开发环境,掌握使用 Visual C++ 的控制台工程来编辑、编译、连接装配以及运行和保存 C++ 程序的一般方法。

注：本书基于 Microsoft Visual Studio 2008 来介绍 C++ 程序设计方法,实际上,本书使用的主要是 Microsoft Visual Studio 2008 的控制台工程,与 Microsoft Visual Studio 6 等其他软件开发环境中的控制台工程相同,只是启动软件开发环境以及选择工程种类时的界面略有区别而已。

（2）了解 C++ 程序的一般结构,能够编写简单的 C++ 程序。

（3）了解并掌握 Visual C++ 软件开发环境中程序调试的一些常用方法。

通过本章实验,初学者可以初步体验 C++ 程序的特点、用于程序设计的软件开发工具的基本功能以及 C++ 程序设计的一般方法。

实验 1-1 C++ 程序的编辑、编译和运行

本实验中,需要创建一个 Visual C++ 的控制台工程,通过它来编写并运行一个简单的 C++ 程序,其功能为显示一个字符串。

通过本实验,可以初步掌握使用 Visual C++ 软件来编写并处理 C++ 程序的一般方法。

1. 启动 Visual C++

在 Windows"开始"菜单中,单击"所有程序"并选择其中的 Micosoft Visual Studio 2008 菜单项,打开 Micosoft Visual Studio 窗口,如图 1-1 所示。

2. 创建 Visual C++ 控制台工程

（1）选择菜单项："文件" | "新建" | → "新建项目"对话框。

（2）在左侧的"项目类型"栏中,展开"其他语言"节点,选定"Win32 节点"后再选定右侧的"Win32 控制台应用程序"图标。

（3）在"名称"文本框中输入一个字符串作为当前工程的名称；在"位置"文本框中输入一个文件夹的路径名,指定当前工程保存的位置(可通过"浏览"按钮选择文件夹)。

这时,"新建项目"对话框如图 1-2 所示。

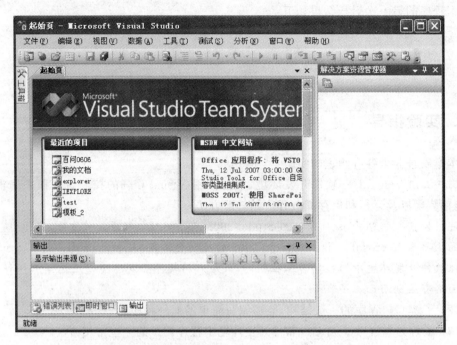

图 1-1 初始状态的 Micosoft Visual Studio 窗口

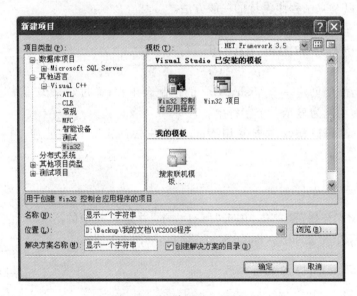

图 1-2 "新建项目"对话框

　　（4）单击"确定"按钮，关闭"新建项目"对话框。这时"Win32 应用程序向导"自动启动。弹出第一个对话框，如图 1-3(a)所示。

　　（5）单击"下一步"按钮；并在弹出的第二个对话框中，勾选"附加选项"栏的"空项目"复选框，如图 1-3(b)所示；然后单击"完成"按钮。

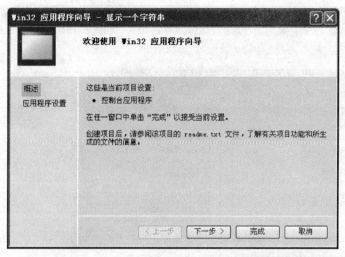

(a)

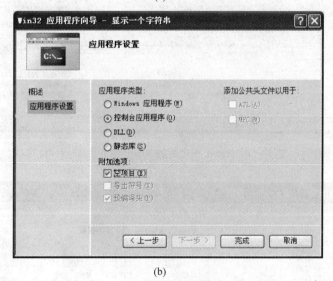

(b)

图 1-3　应用程序向导弹出的对话框

3. 创建 C++ 源代码文件

关闭"新建项目"对话框之后,Micfosoft Visual Studio 窗口如图 1-4 所示。

(1) 在"解决方案资源管埋器"窗口中,展开当前工程节点。

(2) 右键单击"源文件"节点,选择快捷菜单的"添加"子菜单中的"新建项",打开"添加新项"对话框,如图 1-5 所示。

(3) 在左侧的 Visual C++ 栏中,选定"代码"节点并在右侧窗格中选定"C++ 文件(. cpp)"图标。

(4) 在"名称"文本框中输入一个字符串作为 C++ 源代码文件的名称;在"位置"文本

图 1-4　创建了控制台工程之后的 Micosoft Visual Studio 窗口

图 1-5　"添加新项"对话框

框中输入一个文件夹的路径名,指定保存当前文件的位置(可默认使用自动显示的路径名或通过"浏览"按钮选择合适的文件夹)。

(5) 单击"添加"按钮,关闭"添加新项"对话框。

4. 编辑 C++程序

在刚打开的.cpp 文件编辑窗口中,输入以下 C++程序源代码:

```
//实验 1-1_显示字符串
#include <iostream>
using namespace std;
//主函数
int main()
{
    cout <<"第一个 C++程序"<< endl;
    system("pause");
    return 0;
}
```

其中语句

```
system("pause");
```

的作用是,暂停程序的执行,等到用户按下任意一个键后再执行,将这个语句放在程序即将运行结束时才会执行的语句

```
return 0;
```

之前,可以在运行结束之前暂停,以便用户看清楚输出结果之后再按一键结束。

添加了 C++程序源代码的 Microsoft Visual Studio 窗口如图 1-6 所示。

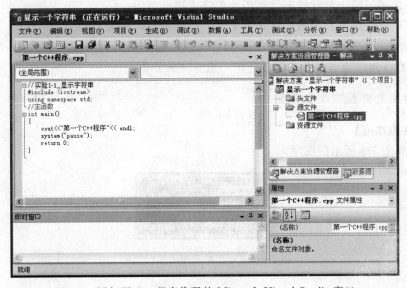

图 1-6　添加了 C++程序代码的 Micosoft Visual Studio 窗口

5．运行 C++ 程序

（1）选择菜单项："生成"|"生成显示一个字符串"，编译当前程序并将其连接装配成可执行文件。

（2）选择菜单项："调试"|"开始执行(不调试)"，运行当前程序。

程序运行后，如果不出现错误，则将弹出运行窗口并在其中显示指定的字符串，如图 1-7 所示。

图 1-7　C++ 程序的运行窗口

运行程序时，也可单击工具栏上的 ▶ 按钮，自动连续地完成编译、连接和运行工作。

6．保存 C++ 程序

选择菜单项："文件"|"全部保存"，将当前控制台工程中的所有文件全部保存在创建该工程时指定的文件夹中。也可以选择"文件"菜单中的其他命令，只保存 .cpp 文件。

实验 1-2　简单 C++ 程序

本实验中，通过 Visual C++ 的控制台工程来编写并运行 3 个不同种类的 C++ 程序：

- 通过字符串或者字符型数组的输出来拼凑一个图案。
- 多次调用同一个变量来计算多个数学表达式的值。
- 使用已经定义好了的数学函数来计算数学表达式的值。

通过本实验，进一步体验使用 Visual C++ 软件来编写并处理 C++ 程序的一般方法，加深对于 C++ 程序特点以及程序设计的一般方法的认识。

1．按指定格式显示字符串

【程序的功能】

显示如图 1-8 所示的图案。

图 1-8　显示图案程序的运行结果

【算法分析】

本程序中,只需将所要输出图案中的每一行看作一个字符串,然后多次使用 cout 语句来输出几个字符串,即可拼凑成这个图案。例如,语句

```
cout <<" *************************** "<< endl;
```

可用于输出第 1 行,语句

```
cout <<"   Ji ShangHe";
```

可用于输出第 2 行。按照这种方式,不难编写出整个程序。

编写程序时,需要注意两个问题:一是数准每行中空格的位置和数目;二是充分利用 Visual C++ 中的字符串复制功能来编写输出相同内容的行的 cout 语句。

【程序设计方法】

(1) 创建一个名为"显示字符图案"的 Visual C++ 控制台工程。

要求:在桌面或 U 盘上创建相应的工程文件夹(不使用默认的路径)。

(2) 创建名为"JiShangHe"的 C++ 源程序文件。

要求:保存在刚创建的工程文件夹中(使用默认路径)。

(3) 编辑 C++ 源程序代码。

```
//实验 1-2-1_显示字符图案
#include <iostream>
using namespace std;
int main()
{   cout <<" **************************** ";
    cout <<"   Ji ShangHe";
    ①
    ②
    ③
    ④
    ⑤
    return 0;
}
```

注:请读者先补全①、②、③、④和⑤处的 C++ 代码,然后在编辑窗口中输入这个程序。本书中很多实验内容都将这样给出。

(4) 编译、连接并运行 C++ 程序。

(5) 保存 C++ 程序。

注意保存当前工程中的所有内容。

如果该程序在编译连接时发现错误或者运行后未输出预期结果,则需要找出程序中的问题,修改所发现的错误,并在改正后再次编译、连接和运行程序。

【程序的改进】

本程序中,也可采用字符数组来存放需要显示的字符串,并在此后使用 cout 语句将其显示出来。例如,语句

```
    char s1[] = "******************************";
```

定义了字符数组 s1[] 并将字符串 "******************************" 存入其中作为它的值。此后便可使用 cout 语句

```
    cout << s1 << endl;
```

输出这个字符串而且可以多次输出了。

考虑到初学者的实际困难，下面给出采用这种方式编写的 C++ 源程序代码：

```
//实验 1－2－1 改进_显示字符图案
♯ include < iostream >
♯ include < cstring >
using namespace std;
int main()
{   char s1[] = "******************************";
    char s2[] = "    Ji ShangHe";
    char s3[] = "    No.28 West Xianning Road";
    char s4[] = "    Xi'an China,710049";
    char s5[] = "    Tel.86－29－82668888";
    char s6[] = "    Emai.shJi1960@183.com.cn";
    cout << s1 << endl;
    cout << s2 << endl;
    cout << s3 << endl;
    cout << s4 << endl;
    cout << s5 << endl;
    cout << s6 << endl;
    cout << s1 << endl;
    return 0;
}
```

2. 计算圆的周长和面积

【程序的功能】

输入圆的半径，按照公式

$$圆的周长 = 2\pi r$$
$$圆的面积 = \pi r^2$$

计算并输出圆的周长和面积。

【算法分析】

本程序中的 C++ 语句依次执行以下功能：

（1）输入圆的半径。

（2）计算圆的周长和面积。

（3）输出圆的周长值和面积值。

【程序设计方法】

（1）创建一个 Visaul C++控制台工程，名字为"Circle"。

（2）在工程中添加一个文件，命名为"Circle.cpp"。

（3）在文件中输入源程序：

```
//实验 1-2-2_计算圆的周长和面积
#include <iostream>
using namespace std;
const double PI = 3.14159;              //定义圆周率为符号常量
int main()
{   double radius;                      //定义半径
    double perimeter,area;              //定义周长和面积
    cout <<"圆的半径? ";
    cin >> radius;
    perimeter = 2 * PI * radius;        //计算圆的周长
    area = PI * radius * radius;        //计算圆的面积
    cout <<"圆的周长: "<< perimeter << endl;
    cout <<"圆的面积: "<< area << endl;
    return 0;
}
```

本程序中，在主函数之前使用语句

```
const double PI = 3.14159;
```

定义了一个表示圆周率的符号常量 PI，并在其后的程序中多次使用 PI 进行计算。

（4）编译、连接程序。如果出现错误，则应在 Visaul C++编辑窗口中查找错误，改正后重新编译和连接。

（5）运行程序，输入测试数据，测试程序的功能。

程序的一次运行结果如下：

```
圆的半径? 5.1
圆的周长: 32.0442
圆的面积: 81.7128
```

【程序的功能扩展】

仿照本程序，可以编写出计算立方体的周长、表面积和体积的程序。其中包含执行以下功能的语句：

（1）输入立方体的长、宽、高。

（2）依次计算立方体的周长、表面积和体积：

立方体的周长 =（长＋宽＋高）×4

立方体的表面积 =（长×宽）×2＋（长×高）×2＋（宽×高）×2

立方体的体积 = 长×宽×高

（3）输出立方体的周长值、表面积值和体积值。

3. 计算星球之间的万有引力

【程序的功能】

假设 m_1 和 m_2 分别为两个物体的质量，R 为两个物体之间的距离，G 为引力恒量，$G \approx 6.67 \times 10^{-11} \mathrm{N} \cdot \mathrm{m}^2/\mathrm{kg}^2$，则这两个物体之间的万有引力为

$$f = G\,\frac{m_1 \times m_2}{R^2}$$

本程序将两次使用这个公式来计算：太阳与地球之间的万有引力、月亮与地球之间的万有引力。

【算法分析】

本程序中的 C++ 语句依次执行以下功能：

(1) 定义计算两个物体之间的万有引力的函数 grav()。

将形式参数得到的两个物体的质量以及它们之间的距离代入公式计算。

(2) 在主函数中完成以下任务：

- 以太阳、地球的质量以及它们之间的距离为实际参数，调用 grav() 求万有引力。
- 输出太阳与地球之间的万有引力。
- 以月亮、地球的质量以及它们之间的距离为实际参数，调用 grav() 求万有引力。
- 输出太阳与地球之间的万有引力。

【程序设计方法】

(1) 创建一个 Visaul C++ 控制台工程，名字为"Gravitation"。

(2) 在工程中添加一个文件，命名为"Crav.cpp"。

(3) 在文件中输入源程序：

```cpp
//实验1-2-3_计算星球之间的万有引力
# include < iostream >
using namespace std;
double grav(double m1,double m2,double distance)
{    double g,G = 6.67E - 11;
     g = G * m1 * m2/(distance * distance);
     return g;
}
int main()
{    double Gse,Gme,Msun,Mearth,Mmoon,Dme;
     Msun = 1.987E30;                          //太阳质量为 1.987×10^30 kg
     Mearth = 5.975E24;                        //地球质量为 5.975×10^24 kg
     Gse = grav(Msun,Mearth,1.495E11);         //太阳与地球间距为 1.495×10^11 m
     cout <<"太阳与地球之间的距离为"<< Gse <<" N."<< endl;
     Mmoon = 7.348E22;                         //月亮质量为 7.438×10^22 kg
     Dme = 3.844E8;                            //月亮与地球间距为 3.844×10^8 m
     Gme = grav(Mmoon,Mearth,Dme);
     cout <<"月亮与地球之间的距离为"<< Gme <<" N."<< endl;
     return 0;
}
```

（4）编译、连接程序。如果出现错误，则应在 Visaul C++编辑窗口中查找错误，改正后重新编译和连接。

（5）运行程序，输入测试数据，测试程序的功能。

程序的运行结果为

太阳与地球之间的万有引力为：3.54307e + 022 N.
月亮与地球之间的万有引力为：1.98183e + 026 N.

【程序的改进与扩展】

（1）将本例中获得物体质量以及两个物体之间距离的赋值语句改为运行时键入（写到 cin 之后）。

（2）将本实验的第 2 个程序中计算圆的周长和面积的代码放入一个自定义函数中，然后在主函数中调用自定义函数来完成计算任务。

实验 1-3　程序的调试和运行

在编译、连接阶段，输出窗口将会显示当前编译的信息。如果遇到错误，还能够显示出错误的位置（第几行）和性质（什么错误）。此时，只需双击错误提示行即可定位到程序中出错的地方，如果遇到的是漏写了一个分号之类的小错误，就可以立即改正它。但错误的起因往往来自于其他行中的错误而非本行有什么问题，这时就需要仔细察看相关的行了。如果对显示出来的错误性质不太理解，可以加亮这个错误提示行，然后按 F1 键调出并查对该错误的解释。

如果改正了程序中所有的错误，使得编译通过了，但结果仍不正确，就需要使用调试的办法了。主要有两种：一是设置断点进行单步调试；二是运行时调试，即在程序执行过程中运行测试。

本实验中，将利用编译、连接与运行时的出错信息并设置断点来调试一个简单的程序。

假设要编程序实现以下功能：

（1）令 x＝15、y＝18

（2）计算 s＝x＋y、d＝x－y、q＝x/y（整除）、r＝x%y（求余数）

（3）计算 res＝s＋2d＋3q＋4r

（4）输出 res

初步给出下面的程序：

```
using namespace std;
int main()
{   int aa = 15,bb;
    int s,d,q,r,cc;
    float cc;
    s = aa + bb;
```

```
        d = s - bb;
        q = aa/bb;
        r = aa % bb;
        cc = s + 2 * d + 3 * q + 4 * r;
        cout <<"cc = "<< cc << endl;
        return 0;
    }
```

1. 利用编译、连接时的出错信息改正错误

编译、连接阶段的常见错误包括：

（1）语法错误：可以检查是否存在下列问题：

• 是否缺少了分号（行结束符）。

需要注意的是，宏定义、包含文件定义结束不需要分号，而类定义结束需要分号。

• if 语句（分支语句）中的 if 子句和 else 子句是否匹配。

• switch 语句（多分支语句）用法是否正确等。

（2）变量、函数未定义或者重定义：可以检查是否存在以下问题：

• 变量大小写。

• 是否包含了相应的头文件，有时候，可能还需要包含用户自定义的头文件。

（3）连接错误：如果程序中使用了动态链接库（dll），无论是自己制作的还是 Windows 本身已有的，都可能会出现这种问题。此时，可以察看究竟是哪个函数出错了。例如，如果调用了一个 Windows API 函数，而在 MSDN 的相应内容中明确地指出该函数需要包含某个头文件（.h）、输入某个库（.lib），那么，就一定要在工程中添加这个库。添加的方法是，选择菜单项 Project | Settings，选择 Link 选项卡，并在 Object/Library modules 文本框中输入相应的模块。

注：动态链接库（Dynamic Link Library，DLL）是一个包含可由多个程序同时使用的代码和数据的库。微软公司在 Windows 操作系统中使用这种方式来实现函数库的共享。这些库函数的扩展名是.DLL、.OCX（包含 ActiveX 控制的库）或者.DRV（旧式的系统驱动程序）。

本例中，将初步给出的程序输入并发出运行命令之后，Visual C++ 的用户界面如图 1-9 所示。

可以看出，程序没有通过编译并且显示了 4 个出错信息。可按以下步骤逐个查找并改正这几个错误：

（1）单击第 1 个错误提示行，光标自动定位到第 1 行，查出这个语句并没有错但它所指定的 std 命名空间却不存在，显然前面还应该有相应的内容。想一想就会明白，原因是前面少了文件包含命令

```
# include < iostream >
```

改正的方法自然是加上这个命令了。

图 1-9　输入了初步给出的程序之后的用户界面

（2）单击第 2 个错误提示行，光标自动定位到第 5 行，根据"CC 重定义"的提示进行检查，很容易发现 CC 同时出现在分别定义整型变量和浮点型变量的两个语句中了。考虑到本程序要求进行整数运算，运算结果也是整数，因而删除定义浮点数的语句即可。

（3）单击第 3 个错误提示行，光标自动定位到第 11 行，根据"cout 未声明"的提示，很容易想到出错的原因仍然是前面少了文件包含命令

＃include＜iostream＞

改正了第 1 个错误之后，这个错误也就自动消除了。

（4）单击第 4 个错误提示行，光标自动定位到第 11 行，根据"endl 未声明"的提示，很容易想到出错的原因与第 1 条、第 3 条是相同的。

2．利用运行时错误提示信息改正错误

改正了上述 4 个编译连接过程中的错误之后，本程序在运行到第 6 行时因为发现了错误而暂停了。这时，弹出了如图 1-10(a)所示的消息框，指出"变量 bb 未初始化"，并在编辑窗口中标记了使用 bb 变量进行计算的语句行（暂停处），如图 1-10(b)所示。

改正这个错误很容易，将语句

int aa = 15,bb;

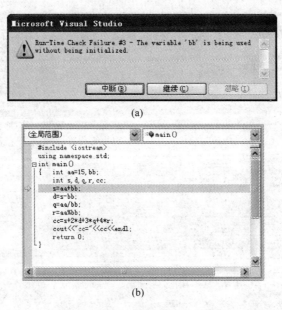

图 1-10　输入了初步给出的程序之后的用户界面

按预定的任务改为

int aa = 15, bb = 18

即可。

3. 设置断点查找逻辑错误

经过上面的调试之后，程序成为下面的样子：

```cpp
#include <iostream>
using namespace std;
int main()
{    int aa = 15, bb = 18;
     int s, d, q, r, cc;
     s = aa + bb;
     d = s - bb;
     q = aa/bb;
     r = aa % bb;
     cc = s + 2 * d + 3 * q + 4 * r;
     cout << "cc = " << cc << endl;
     return 0;
}
```

这时，编译、连接和运行时都不再出问题。再次运行后，输出结果为

cc = 123

但手算可知,cc 的值应该是 87 而不是 123。也就是说,虽然这个程序通过了所有语法检查,但逻辑上或者算法上仍然有错误。

本例中,按以下步骤查找并改正错误:

(1) 右键单击计算 cc 变量的语句行,选择菜单项:断点|插入断点,在该行处插入断点。

(2) 再次运行程序,运行到断点处时自动暂停。

(3) 将鼠标逐个移过计算 cc 所涉及的每个变量,查看变量的值。当悬停到 d 变量上时,显示其值为 15,初步判定有误,看代码可知右式中的 aa 误写为 s 了,如图 1-11 所示。

图 1-11   设置了断点的编辑窗口

改正这个错误后,程序变为

```cpp
#include <iostream>
using namespace std;
int main()
{   int aa = 15, bb = 18;
    int s, d, q, r, cc;
    s = aa + bb;
    d = aa - bb;
    q = aa/bb;
    r = aa % bb;
    cc = s + 2 * d + 3 * q + 4 * r;
    cout <<"cc = "<< cc << endl;
    return 0;
}
```

再次运行后,输出的结果为

cc = 87

第2章

基本数据类型与表达式

  C++程序所处理的每个数据都属于某种数据类型。不同种类的数据在计算机中有不同的存储形式和处理方式。C++语言提供了多种可以直接使用的预定义数据类型,也提供了自定义数据类型的方法,以便用户根据需要定义自己的数据类型。

  C++程序对数据的处理主要体现在表达式的求值运算上。每个表达式都产生唯一的值,表达式的类型是由运算符的类型决定的。C++中的运算符种类很多,使用起来非常灵活,可以实现非常复杂的功能。

2.1　基本知识

常量、变量和表达式都是 C++程序中的基本语法成分,每个常量、变量和表达式都按各自的特点归属于不同的数据类型,根据不同的数据类型应该采用不同的方式存储并执行不同种类的运算。

C++中数据的输出和输入可以用"流"(stream)的方式实现。输出流对象名为 cout,输入流对象名为 cin。

2.1.1　基本数据类型、常量与变量

C++提供的数据类型较为丰富。这些数据类型可以分为以下 3 类。

- 基本类型:是 C++中预定义的,可以直接使用,包括字符型、整型、浮点型(又分为单精度和双精度两种类型)和布尔型。
- 构造类型:是由基本类型导出且由用户自定义的,包括数组类型、结构体类型、共用体类型和枚举类型。
- 指针类型:是一种特殊的数据类型,用于获得变量的地址并进行各种运算。

常量是具体的数据,在程序执行过程中不会变值。而变量是表示数据的符号,一个变量对应计算机中的一组存储单元,可在程序执行过程中按需要重新赋值。

1. 5 种基本数据类型

C++提供了 5 种基本数据类型,包括布尔型(bool)、字符型(char)、整型(int)、单精度浮点型(float)和双精度浮点型(double)。C++还允许在基本数据类型前加上类型修饰符,包括有符号型(signed)、无符号型(unsigned)、短型(short)和长型(long)。C++的基本数据类型如表 2-1 所列。

表 2-1　C++的基本数据类型

数据类型标识符	字　节　数	数　值　范　围
bool	1	false,true
char	1	−128～127
signed char	1	−128～127
unsigned char	1	0～255
short[int]	2	−32 768～32 767
signed short[int]	2	−32 768～32 767
unsigned short[int]	2	0～65 535
int	4	−2 147 483 648～2 147 483 647
signed int	4	−2 147 483 648～2 147 483 647
unsigned int	4	0～4 294 967 295

续表

数据类型标识符	字　节　数	数　值　范　围
long［int］	4	−2 147 483 648～2 147 483 647
signed long［int］	4	−2 147 483 648～2 147 483 647
unsigned long［int］	4	0～4 294 967 295
float	4	−3.4e38～3.4e38
double	8	−1.79e308～1.79e308
long double	8	−1.79e308～1.79e308

2. C++中的常量

常量的用法比较简单,通过本身的书写格式就可判断出它的类型。常量分为两种:字面常量和符号常量。字面常量就是实际的常量,又分为以下几种:

- 布尔常量:有 false(假)和 true(真)两种。
- 字符常量:指的是单个字符,如'a'、'B'、'9'。
- 字符串常量:如"y="、"C++"、"ZhangJinQi"。
- 整型常量:如 10、9、100。
- 浮点型常量:如 98.5、100.0。

符号常量是用形如

const 数据类型说明符　常量名 = 常量值;

的语句来定义的常量。例如,语句

```
const float PI = 3.14159;
```

定义了名为"PI"而值为 3.14159 的符号常量。

3. C++中的变量

变量在使用之前必须先说明其类型,否则程序无法为它分配存储。变量用形如

数据类型　变量名 1,变量名 2, …,变量名 n;

的语句定义。例如,语句

```
int k = 10;
char c1 = 'S';
```

分别定义了值为 10 的整型变量 k 和值为'S'的字符型变量 c1。

2.1.2　运算符与表达式

运算的不同种类是运算符所描述的。由运算符和操作数构成表达式。C++中的表达式可按其运算功能(操作数个数)分为 3 种:单目表达式(负值、取地址等)、双目运算符

(大多数运算)和 3 目运算符(条件表达式)。也可按运算的性质分类,例如,可将求值的运算定义为算术表达式,将用于判断的运算定义为逻辑表达式等。

1. 算术运算符

算术表达式也称为数值表达式,它由算术运算符、数值型常量、变量、函数和圆括号组成,运算结果是一个数值。C++的算术运算符如表 2-2 所列。

表 2-2 C++的算术运算符

算术运算符	描　述	示　例
－	负号	x=－y:
＋	加	z=x＋y:
－	减	z=x－y:
＊	乘	z=x＊y:
/	除	z=x/y:
％	取模	z=x％y:
＋＋	自加	z＋＋或＋＋z
－－	自减	z－－或－－z

2. 关系运算符

关系运算就是同一类型的两个数进行比较,结果是逻辑值。C++中有 6 种关系运算符,如表 2-3 所列。

表 2-3 C++的关系运算符

关系运算符	描　述	示　例
＜	小于	i＜0
＜=	小于或等于	i＜=0
＞	大于	i＞0
＞=	大于或等于	i＞=0
==	等于	i=0
!=	不等于	i!=0

3. 逻辑运算符

完整的逻辑表达式是用逻辑运算符连接关系表达式或逻辑表达式而构成的。C++中有 3 种逻辑运算符,如表 2-4 所列。

表 2-4 C++的逻辑运算符

逻辑运算符	描　述	示　例
!	逻辑非	!(i＜10)
&&	逻辑与	(i＞0)&&(i＜10)
||	逻辑或	(i==0)||(i＞0)

4. 自增和自减运算符

C++中有使用频度很高的特色运算符：自增（加1）运算符"＋＋"和自减（减1）运算符"－－"。它们的运算对象只有一个且只能是整型变量或指针变量。

假定 i 是整型变量，那么＋＋i 和 i＋＋的作用都相当于 i＝i＋1，但＋＋i 是先执行 i＝i＋1 再使用 i 的值，而 i＋＋是先使用 i 的值再执行 i＝i＋1，如果 i 的原值等于3，则执行赋值语句

```
j = ++i;
```

之后，j 的值为4。而执行赋值语句

```
j = i++;
```

之后，j 的值为3，随后 i 变为4。

需要注意的是：

- ＋＋和－－的优先级别高于所有算术运算符和逻辑运算符。
- ＋＋和－－的运算对象只能是变量而不能是其他表达式。例如，(i＋j)＋＋就是一个错误的表达式。
- ＋＋和－－两个运算符的结合方向是"自右至左"（称为右结合性）。

5. 位运算符

所谓位运算，就是将两个操作数的机内二进制数据从低位对齐进行操作。C++中位运算的操作对象是各种整型（如 char 型、int 型）数据。有6种位运算符，如表2-5所列。

表 2-5　C++的位运算符

位 运 算 符	描　　　述	示　　　例
&	按位与	i&128
|	按位或	j|64
^	按位异或	1^12
~	按位取反	~j
<<	按位左移	i<<1
>>	按位右移	i>>1

6. 条件运算符

条件运算符是一个3目运算符，其一般格式为

<表达式 1>　？　<表达式 2>:<表达式 3>

条件表达式的值是这样确定的：如果"表达式 1"的值为非零值，则条件表达式的值就是"表达式 2"的值；如果"表达式 1"的值为 0，则条件表达式的值为"表达式 3"的值。例如，当 score 变量的值在 60 以上时，语句

```
cout <<(score >= 60 ? "及格" : "不及格");
```

输出"及格",否则输出"不及格"。

7. 运算符的优先级与结合性

当一个表达式中出现多个运算符时,就要考虑运算顺序问题了。C++表达式中的运算顺序是由运算符的优先级别和结合性来决定的,如表 2-6 所列。

表 2-6　C++运算符的优先级与结合性

优 先 级	运　算　符	结 合 性
1	() :: [] -> · ++ --	从左至右
2	! ~ ++ -- +(正号) -(负号) *(指针运算符) & (强制转换类型) sizeof	从右至左
3	*(乘号) /(除号) %	从左至右
4	+ -	从左至右
5	<< >>	从左至右
6	< <= > >=	从左至右
7	== !=	从左至右
8	&	从左至右
9	^	从左至右
10	|	从左至右
11	&&	从左至右
12	||	从左至右
13	?:	从右至左
14	= += -= *= /= %= <<= >>= &= ^= |=	从右至左
15	,	从左至右

2.1.3　数据的输入与输出

C++的输出和输入操作是用"流"(stream)的方式实现的。流指的是来自设备或传送给设备的数据流。一个数据流是由一系列按进入流的顺序排列的字节组成的,分为输入流和输出流两种:

- 输入流对象名为 cin。与提取运算符">>"配合,从默认输入设备(键盘)的输入流中提取若干字节送给指定的变量,完成数据的输入。
- 输出流对象名为 cout,与插入运算符">>"配合,将需要输出的数据插入到默认输出设备(显示器)的输出流中,完成数据的输出。

另外,还可以在 C++程序中采用 C 语言所使用的 printf()函数和 scanf()函数等进行数据的输出和输入。

1. 输入流 cin

cin 用于输入时的一般形式为："cin"后跟一个或多个提取运算符"＞＞"，每个"＞＞"之后必须而且只能有一个变量。

在输入多个数据时，数据之间要用空格、tab 键或回车键隔开，系统会自动跳过空格或回车符，将输入的数据依次赋给各提取运算符中的变量。

大多数简单的输入操作使用 cin 即可完成，但有时候需要对输入操作进行较为精细的控制，就必须使用流格式控制符或者使用 I/O 流的成员函数了。

注：成员函数的概念以及 I/O 流库将在第 7 章与第 10 章中讲解。

2. 输出流 cout

cout 用于输出时的一般形式为："cout"后跟一个或多个插入运算符"＜＜"，每个"＞＞"之后必须而且只能有一个变量或表达式。

在使用 cout 输出数据时，系统会自动判别数据的类型，并按这种类型输出。有时候，输出数据时有一些特殊的格式要求，如在输入实数时规定字段宽度，保留几位小数，数据向左或向右对齐等。C++有两种方式控制格式输出：使用控制符和使用流对象的成员函数。

3. 控制符

C++提供了在 I/O 流中使用的控制符来控制输出（或输入）格式，如表 2-7 所列。

表 2-7　I/O 流的控制符

控　制　符	作　　用
dec	指定为十进制数
hex	指定为十六进制数
oct	指定为八进制数
setfill(c)	指定填充字符 c，c 可以是字符或字符变量
setprecision(n)	指定浮点数精度为 n 位，n 为有效数字位数，但若以 fixed（固定小数位数）或 scientific（指数）形式输出，则 n 为小数位数
setw(n)	指定字段宽度为 n 位
setiosflags(ios::fixed)	指定浮点数以固定的小数位数显示
setiosflags(ios::scientific)	指定浮点数以科学计数法（指数形式）显示
setiosflags(ios::left)	输出数据左对齐
setiosflags(ios::right)	输出数据右对齐
setiosflags(ios::skipws)	忽略前导空格
setiosflags(ios::uppercase)	输出的十六进制数中的字母为大写
setiosflags(ios::lowercase)	输出的十六进制数中的字母为小写
setiosflags(ios::showpos)	输入正数时带加号"＋"

如果在程序中使用了这些控制符,则要将头文件 iostream 包含进去。

注:setiosflags()函数的括号中的参数表示格式状态,它是通过格式标志来指定的。格式标志在类 ios 中被定义为枚举值。故在引用这些格式标志时要在前面加上类名"ios"和域运算符"::"。

4. 流对象的成员函数

流对象 cout 中包括了一系列用于控制输出格式的成员函数,常用的如表 2-8 所列。

表 2-8 用于控制输出格式的流成员函数

流成员函数	作用相同的流控制符	作 用
precision(n)	setprecision(n)	指定实数的精度为 n 位
width(n)	setw(n)	指定字段宽度为 n 位
fill(c)	setfill(c)	指定填充字符 c
setf()	setiosflags()	指定输出格式状态,括号中给出格式状态,内容与 setiosflags() 括号中的相同
unsetf()	resetiosflags()	终止已指定的格式状态,括号中应指定内容

5. 格式化输出函数 printf()

C 语言程序中数据的输出操作是调用标准输出函数 printf()实现的。printf()函数的一般引用格式为:

```
printf("格式化字符串", 参数表)
```

printf()函数按照"格式化字符串"中指定的格式来输出参数表中列出的参数。例如,语句

```
printf("%c %d \n", ch,ch);
```

中包含了格式化字符串"%c %d \n"和参数表"ch,ch",其意义为:

- "%c"指定参数表第 1 个 ch 变量按字符型输出。
- "%d"指定参数表第 2 个 ch 变量按整型输出。
- "\n"指定输出两个变量的值后换行。

格式化字符串还可以分别使用"%f"、"%u"、"%e"、"%s"、"%x"来指定按浮点型、无符号整型、指数形式的浮点型、字符串型以及十六进制的无符号整型来输出数据。

另外,格式化字符串还可以夹杂一些常规字符,这些字符按原样输出。

6. 格式化输入函数 scanf()

C 语言程序中数据的输入操作是调用标准输入函数 scanf()实现的。scanf()函数的一般引用格式为:

```
scanf("格式化字符串", 地址表)
```

scanf()函数的功能为：从标准输入设备上读字符，按照"控制字符序列"所指定的格式来解释它们，并将结果赋予"地址表"中列出的变量的地址。例如，语句

```
scanf("%d %f %s", &i,&x,&name);
```

的功能是：输入3个分别为整型、浮点型和字符串的变量的值；如果相应的键盘输入是：1234.56 wang，则3个常量分别赋予i、x和name 3个变量。

格式化字符串中还可以包括"空格"或其他字符，加入空格（可以有多个）可以使scanf()函数在读操作中略去输入的一个或多个空格；加入其他字符则可使scanf()函数在读操作中剔除夹杂在输入字符串中的这个字符。

另外，地址表是需要读入的所有变量的地址，而不是变量本身。这与printf()函数不同，要特别小心。各个变量的地址之间用逗号","隔开。

2.2　程序解析

本章中解析的3个程序分别具有以下功能：显示一个或多个整数加法题并判断用户给出的答案是否正确；将一个5位数反序并输出；按特定规则统计参赛选手得分。

阅读和理解这3个程序，可以进一步理解C++程序的一般特点，了解实现判断功能和循环功能的必要性和可行性，为后面引入相应的算法（或程序）结构打好基础。

程序 2-1　整数加法练习

本程序的功能为：自动产生两个小于100的整数，显示出来并提示用户输入两数之和。如果输入正确，则显示"答对了！恭喜您！"，否则显示"答错了！请再答！"。

1. 算法分析

(1) 两次调用标准函数rand()，自动产生两个不小于100的整数并赋予a、b变量。

(2) 显示由a、b两数和加号"＋"构成的表达式并提示用户输入两数之和。

(3) 将用户输入的整数赋予input变量。

(4) 判断用户输入的数字是否正确，

　　是则显示"答对了！恭喜您！"，

　　否则显示"答错了！请再答！

2. 程序

按照给定的算法，可编写如下程序：

```
//程序2-1_100以内整数的加法练习
# include <iostream>
# include <cmath>
using namespace std;
```

```
//主函数
int main()
{   int a,b,c;                              //分别表示两个数及它们的和
    int input;                              //存放用户输入的和
    char right[] = "答对了!恭喜您!";        //保存字符串
    char wrong[] = "答错了!请再答!";        //保存字符串
    a = rand() % 100;                       //产生小于100的随机数
    b = rand() % 100;                       //产生小于100的随机数
    c = a | b;                              //计算两数之和
    cout << a <<" + "<< b <<" = ? ";        //显示两个数并提示用户输入
    cin >> input;                           //用户输入的和
    cout <<(input == c? right:wrong);       //根据正确与否显示不同的信息
    cout << endl;
    return 0;
}
```

3. 程序运行结果

这里给出本程序的两次运行结果。

第 1 次:

```
41 + 67 = ? 100
答错了!请再答!
```

第 2 次:

```
41 + 67 = ? 108
答对了!恭喜您!
```

4. 程序的改进

上面编的程序太过简略,只允许用户应答一次程序就结束了,想应答第 2 次就需要再次运行程序。可将程序改为:如果用户答错了,就再次自动产生两个整数并提示用户作答,直到用户答对了才结束程序的运行。能够完成这种任务的程序如下:

```
//程序 2-1 改进_100 以内整数的加法练习
# include < iostream >
# include < cmath >
using namespace std;
int main()
{   int a,b,c;                              //分别表示两个数及它们的和
    int input;                              //存放用户输入的和
    char right[] = "答对了!恭喜您!";        //保存字符串
    char wrong[] = "答错了!请再答!";        //保存字符串
    do{   a = rand() % 100;                 //产生小于100的随机数
          b = rand() % 100;                 //产生小于100的随机数
          c = a + b;                        //计算两数之和
```

```
        cout << a <<" + "<< b <<" = ? ";        //显示两个数并提示用户输入
        cin >> input;                           //用户输入的和
        cout <<(input == c? right:wrong);       //根据正确与否显示不同的信息
        cout << endl;
    }while(input!= c);
    return 0;
}
```

其中使用了 C++ 中的 do…while 语句，所有语句构成一个循环。执行这个语句时，如果 while 之后的关系表达式为逻辑真值，则再次执行 do…while 之间的语句，一直执行到这个关系表达式为逻辑假值时终止。也就是说，只有当用户输入的答案正确时才会终止该循环的执行。

5. 改进后程序的运行结果

改进后的加法练习程序的一次运行结果为

41 + 67 = ? 100
答错了!请再答!
34 + 0 = ? 100
答错了!请再答!
69 + 24 = ? 101
答错了!请再答!
78 + 58 = ? 108
答错了!请再答!
62 + 64 = ? 136
答错了!请再答!
5 + 45 = ? 50
答对了!恭喜您!

程序 2-2　输出 5 位整数的反序数

本程序的功能为：输入一个整数，构造并输出它的反序数。例如，如果运行时用户输入 56789，则本程序构造并输出 98765。

1. 算法分析

本程序所依据的算法中有两大重要步骤：

（1）如何分离出一个整数的每一位

可以通过整除和求余数两种运算配合来实现。例如，

假定运行时用户输入的数 56789→n 变量，则分离 56789 中各位的方法是：

- 56 789÷10 取余数＝ 9→a
- 56 789÷10 取整数＝ 5678→n

- 5678÷10 取余数 = 8→b
- 5678÷10 取整数 = 567→n
- 567÷10 取余数 = 7→c
- 567÷10 取整数 = 56→n
- 56÷10 取余数 = 6→d
- 56÷10 取整数 = 5→n
- 5÷10 取余数 = 5→c
- 5÷10 取整数 = 0→n

(2) 构造反序数

$a(=9) + b(=8) \times 10 + c(=7) \times 100 + d(=6) \times 1000 + e(=5) \times 10\,000 \to m$
$(=98\,765)$

2. 程序

```
//程序 2-2_输出 5 位整数的反序数
#include <iostream>
using namespace std;
int main()
{   int n,m;                                //变量_输入数、反序后数
    char a,b,c,d,e;                         //变量_数的个、十、百、千、万位
    cout <<"一个 5 位整数? ";
    cin >> n;                               //输入一个 5 位整数
    cout << n;                              //与后面输出的结果拼凑成一句话
    a = n % 10;                             //除以 10 取余数,得到数的个位
    n = n/10;                               //整除以 10,去掉数的个位
    b = n % 10;                             //除以 10 取余数,得到数的十位
    n = n/10;                               //整除以 10,去掉数的十位
    c = n % 10;                             //分离数的百位
    n = n/10;                               //去掉数的百位
    d = n % 10;                             //分离数的千位
    n = n/10;                               //去掉数的千位
    e = n % 10;                             //分离数的万位
    m = (((a * 10 + b) * 10 + c) * 10 + d) * 10 + e; //构造新数
    cout <<"的反序数是: "<< m << endl;
    return 0;
}
```

3. 程序运行结果

本程序的一次运行结果如下:

一个 5 位整数? 56719
56719 的反序数是: 91765

4. 程序的改进

下面再给出重编后的程序。这个程序与前面程序所依据的算法相同，但分离整数各位及构造其反序数的语句有所区别，请读者自行分析。

```
//程序 2-2 改_改进输出 5 位整数的反序数
# include < iostream >
using namespace std;
int main()
{    int n;                                    //变量_输入数、反序后数
     char a,b,c,d,e;                           //变量_数的个、十、百、千、万位
     cout <<"一个 5 位整数? ";
     cin >> n;                                 //输入一个 5 位整数
     cout << n;
     a = n % 10 + '0';
     b = n/10 % 10 + '0';
     c = n/100 % 10 + '0';
     d = n/1000 % 10 + '0';
     e = n/10000 + '0';
     cout <<"的反序数是: "<< a << b << c << d << e << endl;
     return 0;
}
```

程序 2-3   统计参赛选手分数

歌手大奖赛中，若干个评委为参赛选手打分，计算选手最后得分的方法是：去掉一个最高分，去掉一个最低分，计算其余得分的平均值并将其作为选手的最后得分。请编一个计算选手得分的程序。

1. 编程序所依据的算法

（1）输入评委人数 n。
（2）逐个输入并累加每个评委给出的分数，同时找出其中最高和最低的分数。
（3）从累加得到的总分数中减去最高分数和最低分数，并求出其余分数的平均值。
（4）输出计算得到的分数。
（5）算法结束。

2. 程序源代码

按照给定的算法，可编写如下程序：

```
//程序 2-3_统计参赛选手得分
# include < iostream >
using namespace std;
int main()
```

```
{    int n;
     float max,min,mark,sum;
     max = 0;
     min = 10.;
     sum = 0;
     cout <<"评委人数?";
     cin >> n;
     for(int i = 1;i <= n;i++)
     {    cout <<"第"<< i <<"个评委的分数(0~10)?";
          cin >> mark;
          sum += mark;
          if(mark > max) max = mark;
          if(mark < min) min = mark;
     }
     cout <<"去掉一个最高分: "<< max << endl;
     cout <<"去掉一个最低分: "<< min << endl;
     cout <<"该选手最后得分: "<<(sum - max - min)/(n - 2)<< endl;
     return 0;
}
```

3. 程序运行的结果

本程序的一次运行结果如下:

```
评委人数? 5
第 1 个评委的分数(0~10)? 9
第 2 个评委的分数(0~10)? 9.5
第 3 个评委的分数(0~10)? 8
第 4 个评委的分数(0~10)? 8.5
第 5 个评委的分数(0~10)? 9
去掉一个最高分: 9.5
去掉一个最低分: 8
该选手最后得分: 8.83333
```

2.3 实验指导

本章安排 3 个各有侧重的实验:
(1) 完成分属于不同数据类型的多个数据的输入、输出、计算以及互相转换。
(2) 完成各种不同数据类型的表达式的计算。
(3) 按指定的格式输出不同类型的数据。

通过本章实验,加深对于数据类型概念以及 C++ 中各种基本数据类型的特点的认知,掌握几种不同数据类型的常量、变量和表达式的使用方法。

实验 2-1 不同类型数据的输入输出

本实验中,通过 Visual C++ 的控制台工程来编写并运行 3 个不同种类的 C++ 程序:

- 将字符型变量转换为整型、布尔型输出并测试其自加之后的值。
- 测试数据类型修饰符 unsigned 的作用以及数的表示范围。
- 将其他语言的代码改写成 C++ 程序代码。

通过本实验，掌握基本类型数据的定义和使用方法以及不同类型数据互相转换的方法，加深对于数据的存储方式的认识并体验其他种类的程序设计语言与 C++ 的区别和联系。

1. 实现基本类型数据的转换

【程序的功能】

输入一个字符并赋予字符型变量，输出该字符对应的整数和布尔值，再测试变量自加并赋予另一变量后的值。

【算法分析】

本程序按以下步骤完成任务：

（1）输入一个字符并赋予字符型变量 x。

（2）测 x 的长度（占用字节数）。

（3）将 x 转换为整型并输出其值。

（4）将 x 转换为布尔型并输出其值。

（5）将 x 赋予字符型变量 y 之后自加，并输出 x 和 y 的值。

（6）x 自加后赋予字符型变量 y，并输出 x 和 y 的值。

【程序设计方法】

（1）补全下面的程序：

```
//实验 2-1-1_字符、整数与布尔值的转换
# include < iostream >
using namespace std;
int main()
{   char x,y;
    cout <<"请输入一个字符: ";
    cin >> x;
    cout <<"字符型变量 x = '"<< ___①___ <<"'"<< endl;
    cout <<"字符型变量 x 的长度: sizeof(x) = "<< sizeof(x)<< endl;
    cout <<"将 x = '"<< x <<"'转换为整数: "<<"int(x) = "<< int(x)<< endl;
    cout <<"将 x = '"<< x <<"'转换为布尔值: "<<"bool(x) = "<< ___②___ << endl;
    cout <<"将 x + 1 的值赋予字符型变量 y: "<< endl;
    ___③___ ;
    cout <<"执行 y = x++之后 x = '"<< x <<"' y = '"<< y <<"'"<< endl;
    ___④___ ;
    cout <<"再执行 y = ++x之后 x = '"<< x <<"' y = '"<< y <<"'"<< endl;
    return 0;
}
```

(2) 在 Visual C++的控制台工程中，输入并调试本程序。

(3) 运行程序：

可多次运行，每次输入不同的字符，察看运行结果。

【程序运行结果分析】

下面给出本程序的一次运行结果，请逐行分析这些内容。

```
请输入一个字符: a
字符型变量 x = 'a'
字符型变量 x 的长度: sizeof(x) = 1
将 x = 'a'转换为整数: int(x) = 97
将 x = 'a'转换为布尔值: bool(x) = 1
将 x + 1 的值赋予字符型变量 y:
执行 y = x++之后 x = 'b' y = 'a'
再执行 y = ++x之后 x = 'c' y = 'c'
```

2. 输出有符号数和无符号数

【程序的功能】

分别定义几个分属于有符号字符型与整型以及无符号字符型与整型的变量，并分别赋予它们合理的以及超界的值，然后输出这些值，最后运行程序并分析运行的结果。

【算法分析】

本程序按以下步骤完成任务：

(1) 定义两个字符型变量，并分别赋予其合理的和超界的值。

(2) 定义两个无符号字符型变量，并分别赋予其合理的和超界的值。

(3) 定义两个短整型变量，并分别赋予其合理的和超界的值。

(4) 定义两个无符号短整型变量，并分别赋予其合理的和超界的值。

(5) 输出两个字符型变量。

(6) 输出两个无符号字符型变量。

(7) 按整型格式输出两个字符型变量。

(8) 按整型格式输出两个无符号字符型变量。

(9) 输出两个短整型变量。

(10) 输出两个无符号短整型变量。

【程序设计方法】

(1) 补全下面的程序：

```
//实验 2 - 1 - 2_字符、整数以及无符号字符和整数的输出
#include < iostream >
using namespace std;
int main()
{    char c1 = 97,c2 = 225;
     unsigned char c3 = 97,c4 = 225;
     short x1 = 12345,x2 = 39207;
```

```
        unsigned short x3 = 12345,x4 = 39207;
        printf("字符型<128 c1 = %c   字符型>128 c2 = %c \n",c1,c2);
          ①
        printf("整型输出字符型<128 c1 = %d   整型输出字符型>128 c2 = %d \n",c1,c2);
          ②
          ③
        printf("无符号短整<32767 x3 = %d   无符号短整>32767 x4 = %d \n",x3,x4);
        return 0;
}
```

（2）在 Visual C++ 的控制台工程中，输入并调试本程序。

（3）运行程序。

【程序运行结果分析】

分析本程序及其运行结果的依据是：

因为基本类型 char、short、int 和 long 都是带符号位的数据类型，故常用修饰符 unsigned 来修饰，而不用 signed 修饰符。unsigned 适用于 char、short、int 和 long 4 种整数类型，其意义为取消符号位，只表示正值。因此

- unsigned char 类型的表示范围为 0～255。
- unsigned short 类型的表示范围为 0～65 535。
- unsigned int（可以直接写成 unsigned）类型和 unsigned long 类型的表示范围为 0～$2^{32}-1$。

下面给出本程序的运行结果，请逐行分析这些内容。

```
字符型<128 c1 = a   字符型>128 c2 = ?
无符号字符<128 c3 = a   无符号字符>128 c4 = ?
整型输出字符型<128 c1 = 97   整型输出字符型>128 c2 = -31
整型出无符号字符<128 c3 = 97   整型出无符号字符>大于128 c4 = 225
短整型<32767 x1 = 12345   短整型>32767 x2 = -26329
无符号短整<32767 x3 = 12345   无符号短整>32767 x4 = 39207
```

注：当变量的值超出相应数据类型的表示范围时，就会以补码形式输出其值。补码编码原则是，对负数的原码（二进制数原样）"变反加 1"。例如，数 -32 在占用一个字节时的原码（最高位看作符号）为 101000000，将其符号位后直到最低一个 1 的各位从 0 变成 1，或从 1 变成 0，然后在末位加 1，变为 111000000，这与正整数 224 的编码相同。

3. 判断下面程序段中赋值语句的正误

【程序的功能】

这个程序设计任务比较特殊，是要把一个不符合 C++ 语法规定的程序段改造成为能够运行的 C++ 程序：

```
const con = 10;
var a,b:integer; x,y:real;
begin
```

```
    a: = 4;
    b: = 2;
    x: = a * a + sqr(b);
    y: = srqt(a) + 2 * b;
    a: = a * b + a/b;
    con: = (a + b) * b;
    c: = x + y;
end;
```

【算法分析】

可以看出,这一段程序不是 C++ 语言的代码,但按照 C++ 程序的语法大体上可以判断程序的结构以及各语句的功能。初步确定可以从以下几方面入手来改造它:

(1)"begin…end"相当于 C++ 中的一对花括号"{…}",其中的多个语句就可以放在一对花括号中了,不妨将它们全部放在 C++ 的 main()函数里。

(2)"begin"之前的语句

```
const con = 10;
```

定义了代替整数 10 的常量 con,语句

```
var a,b:integer; x,y:real;
```

定义了整型变量 a 和 b 以及实型(浮点型)变量 x 和 y,它们在下面的程序段中有效。据此改写的 C++ 语句

```
const int con = 10;
int a,b; float x,y;
```

应该放在 main()函数内所有语句的前面,也可以放在 main()函数之前。

注:常量或变量定义语句之后的所有 C++ 代码中都可以使用它所定义的常量或变量。

(3)代码中的赋值号":="应该改写成 C++ 中的"="。

(4)为了求平方和开平方,应该使用文件包含命令

```
#include <cmath>
```

(5)计算平方和开平方的函数要求浮点型自变量,故将语句

```
x: = a * a + sqr(b);
y: = srqt(a) + 2 * b;
```

改写成

```
x = a * a + pow(float(b),2);
y = sqrt(float(a)) + 2 * b;
```

（6）语句

```
con: = (a + b) * b;
```

试图给符号常量赋值，这是不允许的，但语句右侧的表达式可以求值，故在以 cout 中输出该表达式的值即可。

（7）语句

```
c: = x + y;
```

中的变量 C 未定义，故将其改写成

```
float c = x + y;
```

【程序设计方法】

（1）补全下面的程序：

```
//实验 2 - 1 - 3_将其他语言代码改写为 C++ 代码
# include < iostream >
#    ①
using namespace std;
    ②    con = 10;
int a, b;
float x, y;
int main()
{    a = 4;
    b = 2;
        ③
        ④
    y = sqrt(float(a)) + 2 * b;
    a =    ⑤
    cout <<"执行 x = a * a + pow(float(b), 2)后, x = "<< x << endl;
    cout <<"执行 y = sqrt(float(a)) + 2 * b后, y = "<< y << endl;
    //con = (a + b) * b;
    cout <<"表达式(a + b) * b 的值: "<<(a + b) * b << endl;
        ⑥    c = x + y;
    cout <<"执行 c = x + y后, c = "<< c << endl;
}
```

（2）在 Visual C++ 的控制台工程中，输入并调试本程序。

（3）运行程序。

实验 2-2　表达式求值

本实验中，将通过多个短小的程序来计算多个不同种类的表达式的值，包括算术表达式、关系表达式、逻辑表达式、赋值表达式以及位运算表达式等。

通过本实验，掌握常用表达式的使用方法。

注：本实验只给出需要求值的表达式，请读者自己编写程序并在 Visual C++ 的控制台工程中调试通过。

1. 求算术表达式的值

【求以下表达式的值】

(1) x+a%3*(int)(x+y)%2/4

设 a=10,x=2.5,y=4.8

(2) (float)(a+b)/2+(int)x%(int)y

设 a=7,b=4,x=3.5,y=2.5

2. 求逻辑表达式的值

【求以下表达式的值】

设 x=3,y=4,z=5。

(1) x+y>z&&y==z   (2) x||y+z&&y-z

(3) !(x>y)&&!z||1   (4) !(x+y)+z-1&&y+z/2

3. 求赋值表达式的值

【求表达式运算后 x 的值】

设 x=12。

(1) x+=x   (2) x-=2

(3) x*=2+3   (4) x=x==12?1:0

(5) x%=(x%=5)   (6) x+=x-=x*=x

4. 求自加与自减以及赋值表达式的值

假设有定义

int x=5,y,z;

【求以下表达式的值】

++x*--x

【求表达式运算后 x 的值】

y=z=x; x=y==z

5. 求位表达式的值

【求以下表达式的值】

(1) 7&2   (2) -7&3   (3) -7|3

(4) 07<<2   (5) 7^15   (6) 128|5<<4|10

6. 算术运算符的使用

这里再给出一个程序，请调试运行它并分析运行的结果。

```cpp
#include "iostream"
#include "cmath"
using namespace std;
int main()
{
    int a,b;
    cout <<"请输入两个整数 a 和 b(a>b)：";
    cin >> a >> b;
    printf("(%d+%d)*(%d-%d)=%d\n", a,b,a,b,(a+b)*(a-b));
    printf("%d/%d=%d...%d\n", a,b,a/b,a%b);
    printf("%d 的 %d 次方=%f\n", a,b, pow(a,b));
    return 0;
}
```

实验 2-3 数据的输出格式控制

本实验的两个程序中，分别通过转义符与流控制符来控制输出格式并按照预先设定的格式成批地输出数据。通过本实验，基本掌握这两种不同种类的输出格式控制方法。

1. 以八进制和十六进制形式输入整数

【程序的功能】

输入以下 3 行数据：

张京	90	80
王莹	88	86
李玉	78	89

进行必要的计算并按以下形式输出：

序号	姓名	期中	期末	总分
1	张京	90	80	170
2	王莹	88	86	174
3	李玉	78	89	167

【程序源代码】

补全并运行以下程序：

```cpp
//实验 2-3-1_计算并输出学生成绩
#include <iostream>
using namespace std;
//主函数
int main()
```

```
{   char s1[10],s2[10],s3[10];
    float g11,g12;
    float g21,g22;
    float g31,g32;
    cout <<"每行输入一个学生的：姓名？期中成绩?期末成绩?"<< endl;
    cin >> s1 >> g11 >> g12;
      ①
    cout <<"序号\t 姓名\t 期中\t 期末\t 总分"<< endl;
    cout << 1 <<'\t'<< s1 <<'\t'<< g11 <<'\t'<< g12 <<'\t'<< g11 + g12 << endl;
      ②
    return 0;
}
```

2. 使用流成员函数控制输出格式

【程序的功能】

输入 3 个学生的姓名、期中考试成绩和期末考试成绩，按各占 30％ 和 70％ 计算总成绩，并按以下格式输出：

第 1 个学生：姓名？ 期中成绩？ 期末成绩？ 张京 90 80

张京　期中　90　期末　80　总评　83

王莹　期中　88　期末　86　总评　86.6

李玉　期中　78　期末　89　总评　85.7

要求每个数据(字符串、数字)都左对齐。

【程序源代码】

下面是能够输入、计算并输出一个学生的成绩的程序。先运行该程序，再添加必要的代码并改写某些代码，使其能够完成规定的任务。

```
//实验 2 - 3 - 2_计算并输出学生成绩
# include < iostream >
# include < iomanip >
using namespace std;
//主函数
int main()
{   char name[10];
    float g,g1,g2;
    cout <<"第 1 个学生：姓名?期中成绩?期末成绩?";
    cin >> name >> g1 >> g2;
    g - g1 * 0.3 | g2 * 0.7;
    cout.setf(ios::left,ios::adjustfield);
    cout << setw(6)<< name;
    cout << setw(6)<<"期中"<< setw(6)<< g1 << setw(6)<<"期末"<< setw(6)<< g2;
    cout << setw(6)<<"总评"<< setw(6)<< g << endl;
    return 0;
}
```

第 3 章

算法与控制结构

  为了使用计算机解决实际问题,需要在分析研究的基础上制定相应的算法,然后使用某种程序设计语言(如 C++)来编写并运行程序,以便得到所期望的结果。解决同一个问题往往可以找到多种不同的算法,根据这些算法编写的程序自然会有高下之分。

  程序中,需要将实现算法的一连串语句编排成顺序结构、选择结构、循环结构或者它们套叠而成的复杂结构,其中选择结构和循环结构都需要专门的语句来实现。

3.1 基本知识

算法是程序设计的依据。算法可以用自然语言、伪代码、流程图等多种方式表现出来,其中流程图有多种形式:框形流程图、N-S 流程图、PAD 图等。按照结构化程序设计的思想,使用 3 种基本结构(顺序结构、选择结构、循环结构)或者由 3 种基本结构套叠而成的复杂结构可以表示任何算法。

C++程序中,使用 if 语句和 switch 语句实现选择结构,使用 while 语句、do-while 语句和 for 语句实现循环结构,还可以使用这些语句套叠而成更为复杂的结构。

3.1.1 算法的概念与表示

一般来说,计算机科学中的算法是由一套规则组成的一个过程。过程中包含一系列编排了顺序的操作,按既定的顺序执行这些操作就可以得到某种问题的解答。因此,算法实际上是一种抽象的解决问题的方案。

1. 算法的特性

通常认为一个算法必须具备有穷性、确定性、可行性以及数据输入和信息输出这 5 个基本特征。

(1) 有穷性:任何情况下,一个算法都应该在执行有穷步操作之后宣告结束,且其执行时间不应长于实际可容忍的限度。

(2) 确定性:算法中的每一步都必须是精确定义的,不能模棱两可。即每一步应该执行哪种动作必须是清楚的,无歧义的。否则,这样的算法是无法执行的。

(3) 可行性:算法中的任何一步操作都必须是可执行的基本操作,换句话说,每一种运算至少在原理上可由人用纸和笔在有限的时间内完成。

(4) 数据输入:一个算法可以有一个或多个输入,也可以没有输入。

(5) 信息输出:一个算法至少有一个已获得的有效信息输出。算法的输出可以是数字、文字、图形、图像、声音、视频信息,以及具有控制作用的电信号等多种信息形式。

2. 算法的表示

为了描述算法,可以采用多种不同的工具,如自然语言、伪代码、流程图等。如果一个算法是采用计算机能够理解和执行的语言来描述的,它就是程序。设计这样的算法的过程就叫做程序设计。

(1) 自然语言:使用人们日常生活中使用的语言来描述算法,容易做到通俗易懂,但其含义往往不太严格、容易出现歧义,也不便描述包含分支部分和循环部分的算法。

(2) 伪代码:是为了表示算法而专门制定的语言,可以将算法表示得非常清楚。伪代码既可由自然语言改造而成,也可将某种程序设计语言简化而得到。但是,由于难于找到一种大家普遍接受的伪代码，因而限制了它的使用。

（3）流程图：是用于描述算法的特殊图形，它使用各种形状不同的带有说明性文字的图框分别表示不同种类的操作，用流程线或图框之间的相对位置来表示各种操作之间的执行顺序。流程图可以形象地描述算法中各步操作的具体内容、相互联系和执行顺序，直观地表明算法的逻辑结构，是使用最多的算法表示法。

3. 算法的流程图表示

常用的流程图有传统的框形流程图和 N-S 结构化流程图之分。其中传统流程图的主要构件如图 3-1(a)所示。

例 3-5 输入 10 个数，挑选出最小的数并输出该数。

可采用类似于"擂台赛"的方法来找出最小数：先输入一个数，把它作为最小数；再输入下一个数并与前一个数比较，较小的数成为新的最小数；……一直进行到输入了 10 个数并比较了 9 次为止，最后保留的就是最小的数。该算法的流程图如图 3-1(b)所示。

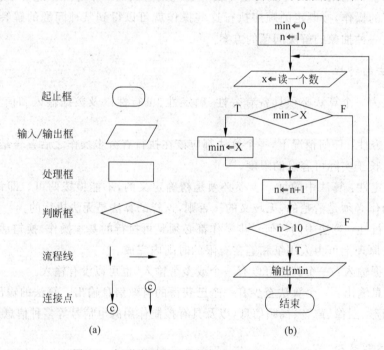

图 3-1 框形流程图的构件与求最小数的流程图

3.1.2 算法的 3 种基本结构

1. 结构化程序设计思想

计算机问世之初，受计算机性能的限制，程序设计方法的研究重点是如何运用一些技巧来节省内存空间，提高运算速度，研制出来的软件产品存在着错误多、可靠性差、维护和修改困难等弊端或隐患。

随着计算机技术及其应用的发展,程序的可靠性和可维护性成为重要的追求目标,产生了结构化程序设计方法。这种方法的基本思路是,功能分解、逐步求精。即当要解决的问题比较复杂时,将其拆分成一些规模较小、易于理解或实现且互相独立的功能模块,每个模块还可以继续拆分为更小的模块,直到所有自完备的模块都易于理解或实现为止。

在每个模块内部,包含出各种操作构成的顺序结构、选择结构或者循环结构的功能模块。将按照这种原则和方法形成的一系列模块用高级语言表示出来,就是结构化的程序。这样设计出来的程序结构清晰,容易阅读、修改和维护,提高了程序的可靠性和可维护性。

结构化程序设计方法将数据和操纵数据的过程(C++中的函数)分别构建为相互独立的实体,编写程序时必须随时考虑所要处理的数据的格式,不便于实现代码的重复使用,也难以准确地描述实际问题。这种缺点可以通过面向对象程序设计方法加以解决。

2. 算法的 3 种基本结构

结构化程序设计方法规定,程序中只允许包含 3 种基本结构:顺序结构、选择结构和循环结构。

(1) 顺序结构:是最基本、最常见的结构。在这种结构中,各操作块按它们出现的先后顺序逐个执行。

注:一个操作块可以是一个操作、一组操作或一个基本结构等。

(2) 选择结构:在算法中,常要根据某一给定的条件是否成立来决定执行几个操作块中的哪一个。具有这种性质的结构称为选择结构。选择结构又分为双分支结构和单分支结构。双分支结构在条件成立时执行一个操作块,条件不成立时执行另一个操作块,单分支结构在条件不成立时不执行任何操作。

(3) 循环结构:算法中,经常需要在一个地方反复执行一连串的操作,这种情况称为循环结构。需要反复执行的操作块称为循环体。按是否循环的条件,可将循环结构分为两类:

① 当型循环结构:当给定条件成立时,反复执行循环体;条件不成立时终止执行。如果刚开始时条件就不成立,则一次也不执行循环体。

② 直到型循环结构:反复执行循环体,一直执行到给定条件成立时,终止执行。无论条件是否成立,至少执行 ·次循环体。

一般来说,同样一个问题,既可以用当型循环来解决,也可以用直到型循环来解决,也就是说,这两种循环可以互相转换。

3. N-S 结构化流程图

传统的框型流程图是非结构化的。例如,各个判断分支经常不是汇集在一点;各个循环有时也不止一个入口;分支和循环经常交错在一起,这些都不符合结构化的原则。

而 N-S 结构化流程图是一种符合结构化程序设计原则的描述工具。这种流程图的顺序结构、选择结构、当型循环结构和直到型循环结构分别如图 3-2(a)、(b)、(c)和(d)所示。

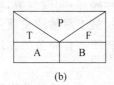

(a)　　　　　　　　(b)　　　　　　　　(c)　　　　　　　　(d)

图 3-2　N-S 结构化流程图的 4 种基本结构

3.1.3　C++中实现选择结构和循环结构的语句

C++语言提供了以下语句来实现选择结构和循环结构：

- 使用 if 语句、switch 语句实现选择结构。
- 使用 while 语句、do-while 语句和 for 语句实现循环结构。
- 使用 break 语句跳出当前结构，使用 continue 语句缩短循环结构。另外，也可以使用 goto 语句实现流程的任意转向。

1. If 语句

if 语句用于实现程序中的选择结构，常用的 if 语句大体上有 3 种形式：

（1）实现单边选择结构的 if 语句

```
if(表达式)
{    语句组
}
```

当语句组中只有一条语句时，可以省略大括号。

（2）实现双边选择结构的 if 语句

```
if(表达式)
{    语句组 1
}else
{    语句组 2
}
```

（3）实现多重选择结构 if 语句

```
if(表达式 1)
{    语句组 1
}else if(表达式 2)
{    语句组 2
}
else if(表达式 3)
{    语句组 3
```

```
    }
    …
}else
{    语句组 n + 1
}
```

2. switch 语句

switch 语句用丁实现多重选择结构。

```
switch(表达式)
{    case 常量表达式 1:语句组 1; break;
     case 常量表达式 2:语句组 2; break;
     …
     case 常量表达式 n:语句组 n; break;
     default: 语句组 n + 1; break;
}
```

该语句的执行过程为,求"表达式"的值,并逐个比较各分支中"常量表达式"的值。如果两值相等,则先执行相应分支的"语句组",然后执行其后的其他"语句组";当遇到 break 语句时,跳出该语句;当找到不相等的值时,执行 default 分支的语句。

3. while 语句

while 语句用于实现当型循环结构。

```
while(表达式)
{    语句组
}
```

while 语句构造的循环结构中,可以使用 if 语句与 break 语句来跳出循环,也可使用 continue 语句来中止本次循环而直接进入下一次循环。

4. do-while 语句

do-while 语句用于实现直到型循环结构。

```
do
{    语句组;
}while(表达式);
```

其中"表达式"是继续循环的条件,条件不满足时退出循环。可以使用 if 语句与 break 语句跳出循环,也可使用 continue 语句来中止本次循环而直接进入下一次循环。

5. for 语句

for 语句用于实现当型尤其是计数型循环结构。for 语句的功能很强,可以构造出灵活多样的循环结构。

```
for(表达式1；表达式2；表达式3)
{    语句组
}
```

可以使用 if 语句与 break 语句跳出循环,也可使用 continue 语句来中止本次循环而直接进入下一次循环。

3.2　程序解析

本章中解析的 5 个程序分别用于：用海伦公式求三角形面积；使用多分支结构确定指定年份中指定月份的天数；输出指定范围内能够同时被两个数整除的所有数；穷举法求组合数；迭代法求累加和。

通过这几个程序的阅读和调试,可以较好地理解程序的 3 种基本结构,认知几种常用算法的程序实现方法并进一步体验程序设计的一般方法。

程序 3-1　求三角形的面积

本程序的功能为,已知三角形三条边的长度,按海伦公式

$$A = \sqrt{s(s-a)(s-b)(s-c)}$$

计算并输出三角形的面积。其中 s 等于三角形三条边长度之和的一半。

1. 算法分析

(1) 输入三角形三条边的长度并分别赋予变量 a、b、c。

(2) 判断：任意两边长度之和是否一定大于另一边的长度？

　　如果有例外,则输出"不能构成三角形"并转到(7)。

(3) 按 $s=\dfrac{1}{2}(a+b+c)$ 计算三角形的三条边长度之和的一半并将其值赋予 s 变量。

(4) 按海伦公式 $A=\sqrt{s(s-a)(s-b)(s-c)}$ 计算三角形的面积并将其值赋予 A 变量。

(5) 输出三角形的面积。

(6) 算法结束。

用 N-S 图表示的算法如图 3-3 所示。

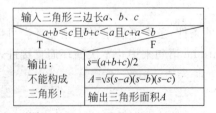

图 3-3　求三角形面积的算法

2. 程序

按照给定的算法,可编写如下程序:

```cpp
//程序 3-1_已知 3 边长求三角形面积
# include < iostream >
# include < cmath >
using namespace std;
int main()
{   double a,b,c;                           //双精度变量_分别表示 3 条边
    double s,A;                             //双精度变量_分别表示边之和一半及三角形面积
    cout <<"三角形 3 条边 a? b? c? ";       //输入提示
    cin >> a >> b >> c;                     //输入 3 条边
    if(a + b <= c || b + c <= a || c + a <= b)
        cout <<"不能构成三角形!"<< endl;
    else
    {   s = (a + b + c)/2.0;               //计算 3 条边之和的一半
        A = sqrt(s * (s - a) * (s - b) * (s - c));//计算三角形面积
        cout <<"三角形面积 = "<< A << endl;     //输出三角形面积
    }
    return 0;
}
```

3. 程序运行结果

这里给出本程序的 3 次运行结果。

第 1 次:

三角形 3 条边 a? b? c? 2 3 5
不能构成三角形!

第 2 次:

三角形 3 条边 a? b? c? 1 2 3
不能构成三角形!

第 3 次:

三角形 3 条边 a? b? c? 3 4 5
三角形面积 = 6

请读者自行分析这几次运行的结果。

程序 3-2　确定某年某月的天数

本程序的功能为,按照用户输入的年份和月份,求解并输出该月的天数。

1. 算法分析

（1）输入年份和月份。

（2）分别按以下几种情况确定该年该月的天数：

- 1、3、5、7、8、10 和 12 月为 31 天。
- 4、6、9 和 11 月为 30 天。
- 闰年的 2 月为 29 天，正常年份的 2 月为 28 天，判断闰年的方法是，年份值能被 4 整除但不能同时被 100 整除或者能被 400 整除。

（3）输出该年该月的天数。

（4）算法结束。

2. 程序

按照给定的算法，可编写如下程序：

```cpp
//程序 3-2_ 查询某年某月的天数
# include < iostream >
using namespace std;
int main()
{   int year,month,days;
    cout <<"查询 year 年 month 月的天数: year?month?";
    cin >> year >> month;
    switch(month)
    {   case 1:
        case 3:
        case 5:
        case 7:
        case 8:
        case 10:
        case 12:days = 31;
                break;
        case 4:
        case 6:
        case 9:
        case 11:days = 30;
                break;
        case 2: if (year % 4 == 0 && year % 100!= 0 || year % 400 == 0)
                    days = 28;
                else
                    days = 29;
                break ;
        default:days = - 1;                 //月份不在 1～12 之间时的处理
    }
    if(days ==- 1)
        cout <<"月份应在 1～12 之间!";
    else
```

```
        cout << year <<"年"<< month <<" 月有"<< days <<" 天"<< endl;
}
```

3. 程序运行结果

本程序的一次运行结果如下：

查询 year 年 month 月的天数：year? month? 2010 9
2010 年 9 月有 30 天

程序 3-3　输出 100 以内能同时被 3 和 5 整除的数

本程序的功能为，输出 100 以内能同时被 3 和 5 整除的自然数。

1. 算法分析

本程序所依据的算法如图 3-4 所示。

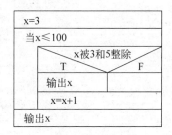

图 3-4　输出 0～100 内能被 3 和 5 整除的自然数的算法

2. 程序

按照给定的算法，可编写如下程序：

```
//程序 3-3_100 之内能同时被 3 和 5 整除的自然数
# include < iostream >
using namespace std;
//主函数
int main()
{    cout <<"100 以内可同时被 3 和 5 整除的自然数：" endl;
     for( int x = 3; x < = 100; x++)
         if(x % 3 == 0 && x % 5 == 0)
              cout << x <<'\t';
     cout << endl;
     return 0;
}
```

3. 程序的运行结果

100 以内可同时被 3 和 5 整除的自然数：

15	30	45	60	75	90

4. 修改程序

如果数的范围扩大到 300 以内而且要求每行只显示 5 个数字，则可增设一个统计符合条件的数字个数的变量。修改后的程序如下：

```cpp
//程序 3-3 改_300 之内能同时被 3 和 5 整除的数
#include <iostream>
using namespace std;
//主函数
int main()
{    int x,n = 0;
     cout <<"300 以内可同时被 3 和 5 整除的自然数： " endl;
     for(x = 3;x <= 300;x++)
     {   if(x % 3 == 0 && x % 5 == 0)
         {    cout << x <<'\t';
              n++;
              if(n % 5 == 0)
                   cout << endl;
         }
     }
     cout << endl;
     return 0;
}
```

5. 范围扩大且限制每行数字个数的程序的运行结果

300 以内可同时被 3 和 5 整除的自然数：

15	30	45	60	75
90	105	120	135	150
165	180	195	210	225
240	255	270	285	300

6. 再次修改程序

为了增强本程序的通用性，可将程序改为运行时由用户输入自然数范围的上限以及需要试除的两个整数。修改后的程序如下：

```cpp
//程序 3-3 再改_ 0~m 之间能被 a 和 b 整除的自然数
#include <iostream>
using namespace std;
//主函数
```

```
int main()
{   int m,a,b,n = 0;
    cout <<"0~m 之间能被 a 和 b 整除的自然数: m? a? b? ";
    cin >> m >> a >> b;
    for(int x = 3;x <= m;x++)
    {   if(x % a == 0 && x % b == 0)
        {   cout << x <<'\t';
            n++;
            if(n % 5 == 0)
                cout << endl;
        }
    }
    cout << endl;
    return 0;
}
```

7. 通用程序的运行结果

0~m 之间能被 a 和 b 整除的自然数: m? a? b? 1000 5 7

35	70	105	140	175
210	245	280	315	350
385	420	455	490	525
560	595	630	665	700
735	770	805	840	875
910	945	980		

程序 3-4 穷举法求组合数

张女士有 5 本好书,分别借给 Li、Ma、Wu 3 位朋友,假定每人每次只能借一本,请编写并运行程序,输出各种不同的借法。

1. 算法分析

本程序将采用穷举法,逐个列举、判断并给出 3 个人各借一本书的所有可能性。算法中包含 3 层循环,分别用于

- 列举 Li 借 5 本书中 1 本的全部情况。
- 列举 Ma 借 5 本书中 1 本的全部情况。
- 列举 Li 和 Ma 借了不同的书时,Wu 借 5 本书中 1 本的全部情况。

当 Wu 与 Li、Ma 两人借的书都不同时,输出 3 人所借书的序号。

2. 程序

按照给定的算法,可编写如下程序:

```
//程序 3-4_穷举法求组合数
# include < iostream >
using namespace std;
int main()
{    int Li, Ma, Wu, nn = 0;
     for(Li = 1; Li <= 5; Li++)
         for(Ma = 1; Ma <= 5; Ma++)
             for(Wu = 1; Li! = Ma && Wu <= 5; Wu++)
                 if(Wu! = Li && Wu! = Ma)
                     cout <<"第"<<++nn <<"种借法: "<< Li <<"   "<< Ma <<"   "<< Wu << endl;
     return 0;
}
```

3. 程序运行结果

本程序的运行结果如下：

第 1 种借法：1   2   3

第 2 种借法：1   2   4

第 3 种借法：1   2   5

第 4 种借法：1   3   2

第 5 种借法：1   3   4

… …

第 20 种借法：2   4   3

第 21 种借法：2   4   5

第 22 种借法：2   5   1

… …

第 58 种借法：5   4   1

第 59 种借法：5   4   2

第 60 种借法：5   4   3

程序 3-5　计算 sinx 函数的值

本程序的功能为：按照等式

$$\sin x = x - \frac{x^3}{3!} + \frac{x^5}{5!} - \frac{x^7}{7!} + \cdots + \frac{(-1)^n x^{2n+1}}{(2n+1)!}$$

通过逐个计算当前项以及累加和的方式得出正弦函数的值，并在当前项的绝对值小于 10^{-7}（10 的 -7 次方）时终止计算，然后通过与 C++ 标准函数 sin(x) 求值结果的比较来确定计算得到的函数值是否精确。

1. 算法分析

（1）输入自变量 x 的值。

（2）赋初值：项数 n＝1,当前项 u＝x,累加和 sum＝x。

（3）求当前项：u＝－u/(2＊n)/(2＊n＋1)＊x＊x。

（4）求累加和：sum＝sum＋u。

（5）项数增值：n＝n＋1。

（6）如果当前项 u 的绝对值不小于 10 的－7 次方,则转向(3)。

（7）输出累加和 sum 作为 sinx 的值。

（8）调用 C++标准函数 sin(x)求解 sinx 的值。

（9）判断：sum 与 sin(x)之差的绝对值是否小于 10 的－7 次方。

　　　是则输出"精确!";

　　　否则输出"误差大!"。

（10）算法结束。

2. 程序

按照给定的算法,可编写如下程序:

```
//程序 3-5_计算正弦函数的值
# include < iostream >
# include < cmath >
using namespace std;
int main()
{   double sum, u, x;
    int n = 1;
    cout <<"求 sin(x): x?";
    cin >> x;
    sum = u = x;
    while(fabs(u)> 1.0e - 7)
    {   u = - u/(2 * n)/(2 * n + 1) * x * x;
        sum = sum + u;
        n = n + 1;
    }
    cout <<"求累加和得: sin("<< x <<") = "<< sum << endl;
    double sinx = sin(x);
    cout <<"标准函数求得: sin("<< x <<") = "<< sinx << endl;
    if(fabs(sinx - sum)< 1e - 7)
        cout <<"求累加和得到的 sin(x)值精确!"<< endl;
    else
        cout <<"求累加和得到的 sin(x)值误差太大!"<< endl;
    return 0;
}
```

3. 程序的运行结果

本程序的一次运行结果如下:

求 sin(x): x? 0.9

求累加和得：sin(0.9) = 0.783327
标准函数求得：sin(0.9) = 0.783327
求累加和得到的 sin(x)值精确!

3.3　实验指导

本章安排两个实验：

第 1 个实验侧重于 3 种基本结构的认知与使用。通过本实验，可以掌握使用 3 种基本结构编写程序来实现算法的一般方法。

第 2 个实验侧重于常用算法的程序实现。通过 3 个程序的编写和运行，可以体验编程序实现典型算法的一般方法。

实验 3-1　3 种基本结构

本实验中，需要编写 3 个程序：计算已知半径的圆面积、球体表面积和体积；一个正整数的自加和自乘；求多个数中的最大数。

1. 计算圆面积、球体积和表面积

【程序的功能】

输入一个数，计算以它为半径的圆面积、球体积和表面积。

【算法分析】

本程序按以下步骤完成任务：

（1）输入半径 r。

（2）计算圆面积：Area＝3.141 592 65 * r * r。

（3）计算圆球表面积：Surface＝4 * 3.141 592 65 * r * r。

（4）计算圆球体积：Volume＝3.141 592 65 * r * r * r * 4/3。

（5）输出 Area、Surface 和 Volume。

（6）算法结束。

【程序设计步骤】

依据给定的步骤，创建一个控制台工程，编写并运行程序。

2. 一个正整数自加或自乘

【程序的功能】

输入一个 100 以内的正整数，若为奇数则自加并输出结果，若为偶数则自乘并输出结果。

【算法分析】

本程序按以下步骤完成任务：

（1）输入一个 100 以内的正整数 x。

（2）判断：（x％2）！＝0 ？

　　　是则 x＋＋并输出；

　　　否则 x＝x＊x并输出。

（3）算法结束。

【程序设计步骤】

依据给定的步骤，创建一个控制台工程，编写并运行程序。

3. 输入一批数并找出最大数

【程序的功能】

输入 100 个数，找出其中最大的数并输出它。

【算法分析】

本程序所依据的算法如图 3-5 所示。

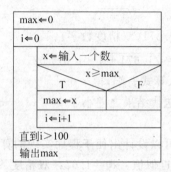

图 3-5　输入 100 个数并求最大数的算法

【程序设计步骤】

（1）依据给定的步骤，补全下面的程序：

```
//实验 3－1－3_ 100 个数中的最大数
# include < iostream >
using namespace std;
int main()
{   double x, max;
    int i = 0;
    max = 0
    do
    {   cout <<"请输入一个数: ";
        cin >> x;
        if(   ①   )
              ②
    }while(   ③   )
    cout <<"100 个数中最大的是: "<< max << endl;
}
```

（2）创建一个控制台工程，编写并运行程序。

（3）将程序中的 do-while 循环改写为 for 循环，重新运行程序。

实验 3-2 迭代法与穷举法

本实验中，需要编写 3 个程序：使用迭代法求高次方程的根；使用辗转相减法（也属于迭代法）求两个数的最大公约数；使用穷举法求解不定方程。

1. 迭代法求方程的根

【程序的功能】

使用迭代法求解方程 $x^3 - x - 3 = 0$ 在 $x = 1.671$ 附近的一个根。求解的基本思想是：

- 将方程改写为迭代算式 $x = \sqrt[3]{x+3}$。
- 给定初始近似值 $x_0 = 1.671$（双精度数字）。
- 代入算式右端，得 $X_1 = \sqrt[3]{1.671+3} = 1.671\,62$。

再用 x_1 作为新的 x_0，代入算式右端，得……

重复以上步骤，直到两次迭代结果之差小于 10^{-5}（1e−5）时，停止计算并输出结果。

【算法分析】

按照给定的迭代法思想，可以设计出便于程序实现的算法：

（1）输入方程的根的初始近似值：x0＝1.671（双精度数字）。

（2）定义统计迭代次数的变量：n＝0。

（3）将 x0 代入等式右端，得：x1＝(x0+3)^(1/3)。

（4）将 x1 作为新的 x0：x1＝x0。

（5）迭代次数加 1：n++。

（6）输出本次迭代得到的近似根。

（7）判断：两次迭代结果之差是否不小于 10 的负 5 次方（1e−5）？是则转向（3）。

（8）算法结束。

【程序设计步骤】

（1）依据给定的算法，补全下面程序：

```
//实验 3 - 2 - 1_ 迭代法求方程 x^3 - x - 3 = 0 的根
# include < iostream >
# include < cmath >
using namespace std;
int main()
{   double x0,x1;
    cout <<"x0 = ? ";
    cin >> x0;
    int n = 0;
    do
```

```
{    n++;
         ①
     cout << n <<"次迭代后的近似根 x = "<< x0 << endl;
}while(    ②    );
return 0;
}
```

（2）创建一个控制台工程，编写并运行程序。

（3）将程序中的 do while 循环改写为 for 循环或 while，重新运行程序。

2．辗转相减法求两个整数的最大公约数

【程序的功能】

使用辗转相减法求整数 189 和 81 的最大公约数。辗转相减法的基本思想是：当两个数不相等时，从大数中减去较小的数；如果较小的数不等于差，则将它作为大数，并将差作为较小的数，再从大数中减去较小的数；……如此反复执行，直到较小的数与差相等为止。

【算法分析】

按照这种思想，可以写出求两个整数最大公约数的算法：

（1）输入两个整数，分别作为减数和被减数。

（2）如果减数比被减数小，则交换两个变量的值（用变量 t 作中介）。

（3）当减数不等于被减数时，从减数中减去被减数求得差。

（4）如果被减数等于差，则差即为求得的"等数"，即最大公约数（可赋予减数变量，准备输出）；否则被减数作为新的减数，差作为新的被减数，转向（3）。

（5）输出等数（可以是减数变量）。

（6）算法结束。

【程序设计步骤】

（1）依据给定的算法，补全下面的程序：

```
# include < iostream >
using namespace std;
int main()
{   int a,b,t;
    cout <<"两个整数?";
    cin >> a >> b;
    if(a < b)
    {
           ①
    }
    while(a!= b)
    {   t =    ②    ;
        if(b > t)
        {
               ③
```

```
        }else
            ④
    }
    cout <<"两个整数的最大公约数: "<<   ⑤   << endl;
    return 0;
}
```

（2）创建一个控制台工程,编写并运行程序。

3. 穷举法求解不定方程

【程序的功能】

解答问题:

男职工、女职工和他们的孩子一起动手搬走 10 个桌子和 100 凳子。搬桌子时,男职工 3 人 1 个,女职工 4 人一个,孩子 5 人一个;搬凳子时,男职工每人 2 个,女职工每人 3 个,孩子每人 4 个。问各有多少男职工、女职工和孩子?

【算法分析】

【提示】　假设男职工 x 人,女职工 y 人,孩子 z 人,则得方程组:

$$\begin{cases} x/3 + y/4 + z/5 = 10 \\ 2x + 3y + 4z = 100 \end{cases}$$

可估算出:男职工不会超过 30 人、女职工不会超过 40 人。故可令 x 从 0 循环到 30,y 从 0 循环到到 40,分别计算 z,然后判断是否满足条件。

【程序设计步骤】

（1）依据给定的算法,补全下面程序:

```
//实验 3-2-3_ 穷举法求解不定方程
# include< iostream >
using namespace std;
int main()
{   double x,y,z;
    cout <<"男职工、女职工、孩子各有: "<< endl;
    for(x = 0;x <= 30;x += 3)
        for(   ①   )
        {   z =    ②   )/4.0;
            if(   ③   &&z > 0)
                cout << x <<"人、"<< y <<"人、"<< z <<"人。"<< endl;
        }
}
```

（2）创建一个控制台工程,编写并运行程序。

第 4 章 函数与编译预处理

设计较为复杂的程序时,往往将其划分为几个相互独立的功能模块并分别用不同的函数来实现。一个函数就是具有某种功能的一段程序,用函数名和参数表的形式提供给需要这种功能的其他函数使用。从宏观上看,一个 C++ 程序是由一个主函数和一系列互相独立的其他函数构成的,这样的结构形式便于实现算法的模块化设计。

一个 C++ 程序还可以分别放在几个不同的文件中,这样,整个程序就由多个文件组成。在编译时,同一个源程序文件中的函数模块被编译成一个目标文件,如果一个程序包含多个目标文件,在连接时再将它们组装成一个运行文件。

C++ 语言源程序中,允许插入一些"预处理命令"行,如包含头文件命令、定义符号常量命令、条件编译命令等,目的是为了改进程序设计环境、扩充语言的功能。这些预处理命令不是 C++ 语言本身的成分,不能直接编译而必须在编译之前进行"预处理"。

4.1 基本知识

C++ 中的函数可分为 3 种：主函数（名为 main）、库函数和用户自定义函数。其中，用户自定义函数是用户根据实际需要，运用 C++ 语言的语法规则编写的"功能块"。

函数的定义是由函数名（包括限定返回值的类型名）、形式参数表、函数体等几部分构成的，其中函数体中包括了执行函数功能的一组语句。必要时，用函数名以及一组对应于形式参数的实际参数来调用函数执行，得到预期的结果。函数可以嵌套调用，即在一个被调用的函数中，还可以调用另一个函数。函数也可以递归调用，即在函数体中调用自身或者两个函数互相调用。

程序中的变量因其定义的不同以及所在位置的不同而具有不同的作用域和生存期，有局部变量、全局变量以及静态变量之分。如果一个程序包含多个文件，则在使用变量时，需要仔细区分其定义所在的文件和位置。

4.1.1 函数的定义和调用

函数也要像变量那样"先定义、再使用"。如果被调用函数未在调用它的函数（主调函数）之前定义，则必须在调用之前使用函数原型来声明它。

1. 函数的定义、声明和调用

（1）定义函数的一般形式为：

<类型名> <函数名> ([<形参表>]) <函数体>

其中，每个"形参"（形式参数）都按以下形式定义：

<类型名> <变量名>

形参之间是用逗号","隔开。"函数体"是一对花括号"{}"之间的一组语句。

（2）如果一个函数要调用另一个函数，但被调用函数却未在调用它的函数（称为主调函数）之前定义，则应该在调用之前使用函数原型（可以省略形参表中的变量名）来声明：

<类型><被调用函数名>([<形式参数表>])

（3）调用函数的格式为：

函数名([<实参表>])

其中，实参（实在参数）的值或者地址会在调用函数时传递给相应的形参。

例 4-1　函数的定义、声明和调用。

```
//例 4-1_函数的定义与调用
#include <iostream>
using namespace std;
```

```
int y(int,int);                    //函数 y()的声明
int main()                         //主函数:调用 y()函数
{    int a1 = 20, a2 = 9, a3 = 10;
     cout << y(a1,a2) + y(a1,a3)<<"\t";
     cout << y(y(a1 + a3,a2),y(a2,a3))<< endl;
     return 0;
}
int y(int x1,int x2)               //函数 y()的定义
{    return 2 * x1 % x2 - 1;
}
```

程序的运行结果为:

2   2

2. 函数的参数

定义函数时,可以分别采用 3 种不同的方式将函数的形式参数声明为值参数、地址参数或引用参数。

(1) 值参数:直接使用变量名(或数组名等)作为形参。

参数的传递规则是,直接将实参的值复制给形参。这种传递方式的特点是,无论被调用函数如何改变形参,都不会对实参产生影响。

(2) 地址参数:使用指向变量(或数组等)的指针或指针变量作为形参。

参数的传递规则是,实参在向形参传递时复制的是实参的地址。这种传递方式的特点是,形参的改变会对相应实参产生影响。

(3) 引用参数:使用带有取地址运算符"&"的变量名(或数组名等)作为形参。

参数的传递规则是,实参在向形参传递时复制的是实参的"别名"。这种传递方式的特点是,形参的改变会对相应实参产生影响。

在函数的原型声明或者定义中,可以在形参表内指定某些形参的默认值,其形参表的一般形式为:

<类型> <形参 1> = <表达式 1>,…,<类型> <形参 n> = <表达式 n>

3. 函数的嵌套调用

函数的嵌套调用是在一个函数执行过程中调用另一个函数的方法。

C++不允许在一个函数(主调函数)中定义并调用另一个函数(被调函数),但可在主调函数之外定义被调函数,然后在主调函数内调用。如果被调用函数是在主调函数之后定义的,则必须在主调函数之前添加被调函数的原型声明。

4. 函数的递归调用

如果一个函数中调用了自身,则称该函数为递归函数。

递归的本质是将较大的问题层层化解,变成较为简单、规模较小的类似问题,从而解

决原来的问题。数学上常采用递归的方法来定义一些概念,而 C++ 的递归调用正好提供了与数学语言相一致的求解方法。C++ 语言允许函数直接调用或者间接调用(两函数互相调用)自身。编写递归函数时,只要知道递归定义的公式,再加上递归终止的条件,就可以编写相应的递归函数。

5. 内联函数

有些函数比较简单且需要的执行时间也较少,如果将其函数体直接嵌入调用处,则可节省运行时间(但会加大代码占用内存空间)。这种嵌入到主调函数中的函数称为"内联函数"。定义内联函数时,在函数首行起始处加上 inline 即可。

内联函数只适用于功能简单、代码短小而又被重复使用的函数。函数体中包含复杂结构控制语句,如 switch、复杂 if 嵌套、while 语句等,以及无法内联展开的递归函数,都不能定义为内联函数,即使定义,系统也将其作为一般函数处理。

4.1.2 变量的作用域

变量的作用域就是变量的使用范围。换句话说,它指的是作为变量的标识符的有效范围。变量的作用域取决于变量定义的位置及其存储类别。变量可按其作用域分为全局变量和局部变量,也可以按其生存期分为静态变量和动态变量。

C++ 中,常见的变量作用域包括以下几种情况。

1. 函数原型作用域

在定义函数之前调用函数时,必须进行函数原型声明。这时所指定的参数标识符的作用范围是在函数原型声明中的左、右括号之间,是最小的作用域。

2. 块作用域

块是指块语句(由花括号括起来的一段程序)。在块中声明的变量等标识符,其作用域从声明处开始,一直到结束块的花括号为止。例如:

```
void fun(int x)
{   int a(x);                    // a 的作用域起始处
    cin >> a;
    if(a > 0)
    {   int b;                   // b 的作用域起始处

    }                            // b 的作用域结束处
}                                // a 的作用域结束处
```

在 fun 函数体内声明了整型变量 a,又在 if 语句的分支内声明了变量 b,a 和 b 都具有块作用域,但 a 的作用域从声明处开始到所在块结束处即整个函数体结束处为止,b 的作用域较小,从声明处开始到其所在块结束即 if 分支体结束的地方为止。

在函数内部或块内部声明的变量称为局部变量,它具有块作用域。

3. 类作用域

一个类中的数据成员在该类的所有成员函数中都有效(除非成员函数中也定义了一个同名的变量)这样的 x 就具有类作用域。

注:类和对象将在第 7 章中讲解。

4. 文件作用域

如果一个变量标识符未在前 3 种作用域中出现,则它具有文件作用域。这种标识符的作用域从声明处开始,一直到文件结尾处结束。

```
# include< iostream >
using namespace std;
int x;                              //变量 x 具有文件作用域,即在整个源文件中有效
int main()
{   x = 9;
    {                               //子块
        int x;                      //变量 x 具有作用域
        x = 10;
        cout <<"x = "<< x << endl;   //输出 10
    }
    cout <<"x = "<< x;               //输出 9
    return 0;
}
```

在 main 函数之前声明的变量 x 具有文件作用域,进入 main 函数后赋值为 9。在其后的子块中也声明了一个变量 x 并赋值为 10,这个 x 具有块作用域。因为子块里具有块作用域的 x 在该子块内优先,故第 1 次输出的 x=10。出了子块后,具有块作用域的 x 就无效了,故输出的是具有文件作用域的 x 的值 x=9。

一个程序文件中,在所有函数外部定义的变量称为全局变量(或全程变量、公用变量)。全局变量的作用域是文件作用域。

4.1.3 变量的生存期

生存期是指一个标识符(变量、函数、类名、对象等)从创建到释放为止的时间。变量(或对象)的生存期分为静态生存期和动态生存期两种。

注:将本节中的"变量"换为"对象",同样是正确的。

1. 静态生存期

如果某个变量的生存期与程序的运行期相同,则它具有静态生存期,即在整个程序运行期间都不会释放。

- 具有文件作用域的变量对象都具有静态生存期。
- 在函数内部，可以使用 static 修饰变量对象，使得具有块作用域的对象也具有静态生存期，例如，语句

```
static int x;
```

将 x 定义为静态变量，即具有静态生存期的变量。

2. 动态生存期

除了上述情况的变量具有静态生存期外，其余变量都具有动态生存期。具有动态生存期的变量产生于声明处，在该变量的作用域结束处释放。

例 4-1　程序中：

- 变量 a 为全局变量，具有静态生存期，可在整个程序中对它赋值或者变值，而且最后得到的值会一直保持到程序结束。
- main 函数中定义的变量 x 为 main 函数中可见的局部变量，具有静态生存期，可在 main 函数中为其赋值或变值，最后得到的值在 main 函数运行结束前都是有效的。
- sub 函数中定义的变量 x 和变量 y 为 sub 函数中可见的局部变量，具有静态生存期，可在 sub 函数中为其赋值或变值，最后得到的值在 sub 函数运行结束前都是有效的。

```cpp
# include < iostream >
using namespace std;
int a = 1;                     //a,全局变量,静态生存期
void sub(void);
int main()
{   static float x;            //x,局部变量,静态生存期
    float y = 5.4;             //y,局部变量,动态生存期
    float z = 2.3;             //z,局部变量,动态生存期
    cout <<" --- 主函数 --- "<< endl;
    cout <<"a = "<< a <<" x = "<< x <<" y = "<< y <<" z = "<< z << endl;
    z = z + 2;
    sub();
    cout <<" --- 主函数 --- \n";
    cout <<"a = "<< a <<" x = "<< x <<" y = "<< y <<" z = "<< z << endl;
    a = a + 10;
    sub();
    return 0;
}
void sub(void)
{   static int x = 3;          //x,局部变量,静态生存期。仅第一次进入函数时初始化
    static int y;              //y,局部变量,静态生存期。仅第一次进入函数时初始化
    int z = 10;                //z,局部变量,动态生存期,每次进入函数都初始化
    a = a + 20;
```

```
        x = x + 3;
        z = z + 3;
        cout << " --- 子函数 --- \n";
        cout << "a = " << a << " x = " << x << " y = " << y << " z = " << z << endl;
        y = x;
    }
```

程序的运行结果如下:

```
--- 主函数 ---
a = 1 x = 0 y = 5.4 z = 2.3
--- 子函数 ---
a = 21 x = 6 y = 0 z = 13
--- 主函数 ---
a = 21 x = 0 y = 5.4 z = 4.3
--- 子函数 ---
a = 51 x = 9 y = 6 z = 13
```

4.1.4 C++程序的多文件结构

如果一个程序的代码比较少,则可将全部代码写在一个文件中,但实际进行软件开发时,程序代码量往往比较大,就需要将代码分别放入多个文件。

例 4-2 在一个程序中,使用 3 个文件:类的声明文件(＊.h 文件)、类的实现文件(＊.cpp 文件)和主函数文件(使用了类的文件)。

```
//例 4 - 2
//Clock.h 文件: Clock 类的定义
# include < iostream >
using namespace std;
class Clock                     //定义时钟类 Clock
{
    …
};
//Clock.cpp 文件: Clock 类的实现
# include "Clock.h"
//定义时钟类成员函数 Clock
Clock::Clock()
{
    …
}
void Clock::SetTime( int NewH, int NewM, int NewS)
{
    …
}
void Clock::ShowTime()
{
    …
```

```
}
//main.cpp 文件: 主函数
#include "Clock.h"
//定义全局对象 gClock,具有文件作用域、静态生存期
Clock gClock;
//主函数
int main()
{    cout <<"文件作用域的时钟类对象:"<< endl;
     //引用具有文件作用域的对象:
     gClock.ShowTime();
     gClock.SetTime(10,20,30);
     …
     return 0;
}
```

1. 生成头文件的方法

（1）在如图 4-1(a)所示的"解决方案资源管理器"中,右击"查找"节点下的"头文件"结点,选择快捷菜单中"添加"项的"新建项"子项,打开如图 4-1(b)所示的"添加新项"对话框。

(a)   (b)

图 4-1　准备创建头文件时使用的窗口和对话框

（2）在"名称"文本框中输入头文件的名称（如 Clock）,在"位置"文本框中选择性输入文件的保存位置,然后单击"添加"按钮。

（3）在需要使用该头文件中内容的文件中,将该头文件包含进来,例如,在 main.cpp 文件中添加

```
#include "Clock.h"
```

之后,才能使用该头文件中定义的 Clock 类。

2. 多文件程序的编译

（1）本程序在编译时，由 Clock. cpp 和 Clock. h 编译生成 Clock. obj，由 main. cpp 和 Clock. h 编译生成 main. obj。

（2）链接过程中，Clock. obj 和 main. obj 链接生成可执行文件 main. exe。

（3）如果修改了类的实现文件，那么只需重新编译 Clock. cpp 并链接就可以了（别的文件不必考虑）。

Windows 系统中的 C++ 程序用工程来管理多文件结构。

3. 外部函数

在多文件组织的程序中，如果一个源程序文件中定义的函数既能在本文件内使用，又能在其他源程序文件中使用，则称为外部函数。定义外部函数的方法是在函数的返回值前加存储分类符 extern（也可省略）。例如，如果源程序文件 main. cpp 中有下列两个函数的定义：

```
extern char fun (char a)
{ … }
```

则 fun 是外部函数。

如果在一个文件中需要调用另一个文件所定义的函数，必须对被调函数作原型声明，并在函数的原型声明前面加上 extern。

4.1.5 编译预处理

编译预处理是指在对源程序进行正常的编译之前，先行处理这些命令，然后将预处理的结果和源程序一起再进行编译处理。C++ 提供的编译预处理命令有宏命令、文件包含命令和条件编译命令等，这些命令均以"♯"开头，以区别于语句。

1. 宏定义

C++ 宏定义有两种形式。一种是较为简单的不带参数的宏：

```
♯define 宏名  字符串（或数值）
```

另一种是带有参数的宏：

```
♯define 宏名(参数表)字符串
```

宏定义将一个标识符定义为一个字符串，源程序中本标识符均以指定字符串代替。例如，如果一个程序中有宏定义

```
♯define SUB(a,b) a-b
```

则当程序中出现语句

```
result = SUB(2, 3);
```

时,会被替换为:

```
result = 2 - 3;
```

当程序中出现语句

```
result = SUB(x + 1, y + 2);
```

时,会被替换为:

```
result = x + 1 - y + 2;
```

2. 文件包含命令

预处理指令♯include 称为文件包含指令。其功能为,将另一段 C++源程序文件嵌入正在进行预处理的源程序中的相应位置上。原来的源程序文件和用文件包含命令嵌入的源程序文件在逻辑上看作为同一个文件,经过编译后生成一个目标文件。使用文件包含命令包含的文件可以是系统提供的文件,也可以是用户编写的文件。

例如,在 main. cpp 文件中添加

```
♯ include "Clock. h"
```

之后,Clock. h 文件嵌入 main. cpp 文件该处,被嵌入的文件可以是. h 文件也可以是. cpp 文件。如果不包含 Clock. h,main. cpp 就不知道 Clock 类的声明形式,也就无法使用此类。

♯include 指令有两种书写形式:

```
♯ include   <文件名>
♯ include   "文件名"
```

如果用的是尖括号,则预处理程序在系统规定的目录(通常是系统的 include 子目录)中查找该文件。如果使用双引号,则编译预处理程序先在当前目录中查找嵌入文件,找不到时再到由操作系统的 path 命令所设置的各个目录中去查找。如果仍然没有找到,最后再到系统规定的目录(include 子目录)中查找。

3. 条件编译

一般情况下,源程序中所有行都参加编译。但有时希望某些内容仅在满足条件时才编译,这时就要用到条件编译。条件编译命令的结构类似于 if 语句,最常见的形式为:

```
♯ ifdef 标识符
    程序段 1
♯ else
    程序段 2
♯ endif
```

其作用为,如果标识符已经定义(可用♯define命令定义),则编译程序段1,否则编译程序段2。这里的程序段既可以是语句组,也可以有命令行。

4.2 程序解析

本章中解析的5个程序分别用于:将一个字符串中的所有小写字母转换为大写字母;求3个实数中最大的数,通过先通分再比较分子的办法确定两个分数的大小;通过函数的嵌套调用求特殊多项式的值;通过递归实现的牛顿迭代法求一元三次方程的根。

通过这几个程序的阅读和调试,可以较好地理解和掌握函数的定义、调用以及参数的传递方式、函数的嵌套调用和递归调用等重要的知识和技术。

程序4-1 将字符串中的小写字母转换为大写字母

本程序的功能为,将一个字符串中的所有小写字母转换为大写字母。

要求:定义函数transfer,用于将一个小写字母转换为大写字符;在主函数中,利用for循环,重复调用transfer,将字符串的每一个小写字符转换成大写字母。

1. 算法分析

(1) 输入3个数a、b、c。

(2) 找前两个数中最大者:判断a>b?,是则max=a;否则max=b。

(3) 找已有最大数与剩余数中最大者:判断max<=c?,是则max=c。

(4) 输出最大数max。

(5) 问:是否继续? 输入"Y"或" y"时转向(1)。

(6) 算法结束。

2. 程序

按照给定的算法,可编写如下程序:

```
//程序4-1_串中小写字母转换为大写
# include < iostream >
using namespace std;
//自定义函数:将一个小写字母转换为大写字母
int transfer(char x)
{    if (x>= 97&&x <= 122)
        x = x - 32;
    return x;
}
//主函数:调用 transfer 函数,串中所有小写字母转换为大写
int main()
{    int i = 0;
    char x;
```

```
char a[100];
cout <<"包含小写字母的源字符串?"<< endl;
cin.getline(a,99);
while(a[i]!= '\0')            //对于串中的所有字符
{    x = a[i];               //逐个转入另一数组
     a[i] = transfer(x);     //调用自定义函数,若为小写字母则转换为大写
     i++;
}
cout <<"所有小写字母均转换为大写字母后的串: "<< endl;
cout << a << endl;
return 0;
}
```

3. 程序运行结果

本程序的一次运行结果如下：

包含小写字母的源字符串?
limitations of an RDBMS.
所有小写字母均转换为大写字母后的串：
LIMITATIONS OF AN RDBMS.

程序 4-2　求 3 个实数中的最大数

本程序的功能为,输入 3 个实数,求解并输出其中最大的数。方法是,先找出前两个数中较大者,再找出它和第 3 个数中较大者。

1. 算法分析

(1) 输入 3 个数 a、b、c。
(2) 找前两个数中最大者：判断 a>b?,是则 max＝a；否则 max＝b。
(3) 找已有最大数与剩余数中最大者：判断 max＜＝c?,是则 max＝c。
(4) 输出最大数 max。
(5) 问：是否继续？输入"Y"或" y"时转向(1)。
(6) 算法结束。

2. 程序

按照给定的算法,可编写如下程序：

```
//程序 4-2_ 求 3 数中最大数
# include < iostream >
using namespace std;
//求 3 数中最大数的函数
double maxThree(double a,double b,double c)
```

```
{   double max;
    max = a > b?a:b;
    max = max > c?max:c;
    return max;
}
//主函数：调用 maxThree 函数
int main()
{   double x1,x2,x3,max;
    char yes;
    do
    {   cout <<" ******************************** "<< endl;
        cout <<"找 3 数中最大数：3 个数?";
        cin >> x1 >> x2 >> x3;
        max = maxThree(x1,x2,x3);
        cout << x1 <<"、"<< x2 <<"与"<< x3 <<"中的最大数是："<< max << endl;
        cout <<"继续吗(y/n)?";
        cin >> yes;
    }while(yes == 'Y'||yes == 'y');
    return 0;
}
```

3. 程序运行结果

本程序的一次运行结果如下：

```
********************************
找 3 数中最大数：3 个数? 9.3 -8 10
9.3、-8 与 10 中的最大数是：10
继续吗(y/n)? y
********************************
找 3 数中最大数：3 个数? 5.6 8.8 -1.3
5.6、8.8与-1.3 中的最大数是：8.8
继续吗(y/n)? n
```

程序 4-3　比较两个分数的大小

本程序的功能为，比较两个分数的大小。方法是，模拟人工方式，先对两个分数进行通分，然后比较其分子的大小。

【提示】　最简公分母即两分母的最小公倍数，等于两分母之积除以最大公约数。可用辗转相除法求最大公约数。

1. 算法分析

（1）输入两个分数的分子和分母：a1、a2、b1、b2。

（2）a=a2,b=b2。

（3）比较两个分母：a＞b?,是则互换其值。

（4）判断 a-b＝0? 是则 b 作为新的 a,余数作为新的 b,转（2）。

（5）（b 为两个分母的最大公约数）通分后两个分数的分母（两分母之积除以最大公约数）：c＝a2 * b2/b。

（6）通分后两个分子的大小：m＝a1 * c/a2,n＝b1 * c/b2

（7）比较 m 与 n：m＞n,则 a1/a2＞b1/b2；m＝n,则 a1/a2＝b1/b2；m＜n,则 a1/a2＜b1/b2；

（8）算法结束。

2. 程序

按照给定的算法,可编写如下程序：

```cpp
//程序 4-3_ 比较两个分数的大小
# include < iostream >
using namespace std;
//求公分母函数的原型声明
int denominator( int a, int b);
//主函数：调用 maxThree 函数
int main()
{    int a1,a2,b1,b2,m,n;                //两个分数：a1/a2、b1/b2
     cout <<"两个分数：分子?分母?分子?分母?";
     cin >> a1 >> a2 >> b1 >> b2;        //输入两个分数的分子、分母
     m = denominator(a2,b2)/a2 * a1;     //调用自定义函数,求前一分数通分后的分子
     n = denominator(a2,b2)/b2 * b1;     //调用自定义函数,求后一分数通分后的分子
     if(m > n)                           //比较分子大小并给出两个分数比较的结果
         cout << a1 <<'/'<< a2 <<'>'<< b1 <<'/'<< b2 << endl;
     else if(m == n)
         cout << a1 <<'/'<< a2 <<' = '<< b1 <<'/'<< b2 << endl;
     else
         cout << a1 <<'/'<< a2 <<'<'<< b1 <<'/'<< b2 << endl;
     return 0;
}
//自定义函数：求公分母(两个分母的最小公倍数)
int denominator( int a, int b)
{    long int c;
     int d;
     if(a < b)                          //a < b 时,交换两个变量的值
     {    c = a;
          a = b;
          b = c;
     }
     for(c = a * b;b!= 0;)              //辗转相除法求 a 和 b 的最大公约数
     {    d = b;
          b = a % b;
          a = d;
```

```
        }
        return (int)c/a;                    //返回最小公倍数
}
```

3. 程序运行结果

本程序的 3 次运行结果如下：

第 1 次：

两个分数：分子? 分母? 分子? 分母? 1 3 3 9
1/3 = 3/9

第 2 次：

两个分数：分子? 分母? 分子? 分母? 5 9 3 5
5/9 < 3/5

第 3 次：

两个分数：分子? 分母? 分子? 分母? 8 15 11 18
8/15 < 11/18

程序 4-4 求多项式的值

本程序的功能为，求下面多项式的值
$$1^5 + 5^1 + 2^5 + 5^2 + 3^5 + 5^3 + 4^5 + 5^4 + 5^5 + 5^5$$

【提示】　多项式可写成 $\sum_{i=1}^{n}(i^k + k^i)$，其中 $n = 5, k = 5$。将其分解为：$\sum_{i=1}^{n}(i^k) +$

$\sum_{i=1}^{n}k^i$，据此编写函数，分别计算两个多项式。

1. 算法分析

(1) 输入底数 k＝5 与项数 n＝5。
(2) 初值：循环变量 i＝0，累加和 sum＝0。
(3) 累加当前项：sum＝sum＋i 的 k 次方＋k 的 i 次方。
(4) i＝i＋1。
(5) 判断 i<＝5?
    是则转向(2)。
(6) 输出 sum。
(7) 算法结束。

2. 程序

按照给定的算法，可编写如下程序：

```
//程序 4-4_ 求多项式的值
# include < iostream >
using namespace std;
//自定义函数：计算 i 的 k 次方
long power1(int i, int k)
{   int j;
    long result = 1;
    for(j = 1; j < = k; j++)
        result = result * i;
    return result;
}
//自定义函数：计算 k 的 i 次方
long power2(int k, int i)
{   int j;
    long result = 1;
    for(j = 1; j < = i; j++)
        result = result * k;
    return result;
}
//自定义函数：调用前两个函数，计算累加和
long sum(int k, int n)
{   int i;
    long sum = 0;
    for(i = 1; i < = n; i++)
        //调用 power1 与 power2 函数，求当前项
        sum = sum + power1(i, k) + power2(k, i);
    return sum;
}
//主函数：调用计算累加和函数，求多项式的值
int main()
{   int k, n;
    cout <<"(k 的 n 次方) + (n 的 k 次方)的累加和: k?n?";
    cin >> k >> n;
    //调用 sum 函数，求累加和
    cout <<"多项式的值: "<< sum(k, n)<< endl;
    return 0;
}
```

3. 程序运行结果

本程序的一次运行结果如下：

```
(k 的 n 次方) + (n 的 k 次方)的累加和: k? n? 5 3
多项式的值: 431
```

程序 4-5　牛顿迭代法求方程的根

本程序的功能为，用牛顿迭代法求方程 $2x^3 - 4x^2 + 3x - 6 = 0$ 在 $x = 1.5$ 附近的根。

要求：误差小于 10^{-5}。

牛顿迭代法又称为牛顿切线法。方法是，任意设定一个接近真实根的值 x_k 作为第一次近似根，由 x_k 求 $f(x_k)$。再过 $(x_k, f(x_k))$ 点作 $f(x)$ 的切线，交 x 轴于 x_{k+1}，它作为第二次近似根，再由 x_{k+1} 求 $f(x_{k+1})$。再过 $(x_{k+1}, f(x_{k+1}))$ 点作 $f(x)$ 的切线，交 x 轴于 x_{k+2}，再求 $f(x_{k+2})$ ……如此继续下去，直到足够接近真实根为止。由图 4-2 可知，

$$f'(x_k) = \frac{f(x_k)}{x_k - x_{k+1}}$$

故

$$x_{k+1} = x_k - \frac{f(x_k)}{f'(x_k)}$$

这就是牛顿迭代公式，利用它求方程的根。

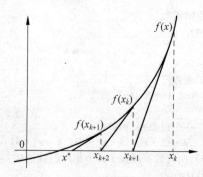

图 4-2　牛顿迭代法求方程的根

1. 算法分析

(1) 输入近似根初值 x0 以及容许的两次求得的近似根之间的最大差 ε。

(2) x1＝x0。

(3) 计算下一个近似根：

$$x_0 = \frac{2x_1^3 - 4x_1^2 + 3x_1 - 6}{6x_1^2 - 8x_1 + 3}$$

(4) 判断 $|x0-x1| \geqslant \varepsilon$？是则 x1＝x0，转向(3)。

(5) 输出近似根。

(6) 算法结束。

本例中，将使用递归法编写程序：

- 第(3)步为自定义的牛顿迭代法求根函数的入口。
- 第(4)步(函数内含操作)中，将本次近似根作为新的 x1，转向第(3)步，调用自身来继续求解。

2. 程序

本程序中，使用递归法中的牛顿迭代法求方程 $2x^3 - 4x^2 + 3x - 6 = 0$ 在 $x = 1.5$ 附近的根。

按照给定的算法，可编写如下程序：

```cpp
//程序 4-5_ 牛顿迭代法求方程的根
# include < iostream >
# include < cmath >
using namespace std;
//自定义函数的原型声明
void iterative(double,double);
//主函数：调用自定义函数求方程的根
int main()
{   double x0,epsilon;
    cout <<"初值 x0?两次近似根最大容许差 epsilon?";
    cin >> x0 >> epsilon;
    //调用牛顿迭代法求根的函数
    iterative(x0,epsilon);
    return 0;
}
//牛顿迭代法求方程的根的函数
void iterative(double x0,double epsilon)
{   double x1 = x0;
    //用近似根初值求出下一个近似根(递归出口)
    x0 -= (2 * x1 * x1 * x1 - 4 * x1 * x1 + 3 * x1 - 6)/(6 * x1 * x1 - 8 * x1 + 3);
    //调用自身(递归调用),两次近似根大于误差值时继续迭代
    if(fabs(x0 - x1)> epsilon) //
        iterative(x0,epsilon);
    else
        cout <<"方程 2 * x1 * x1 * x1 - 4 * x1 * x1 + 3 * x1 - 6 的近似根: "<< x0 << endl;
}
```

3. 程序运行结果

本程序的一次运行结果如下：

```
初值 x0?两次近似根最大容许差 epsilon? 1.5 1e-5
方程 2 * x1 * x1 * x1 - 4 * x1 * x1 + 3 * x1 - 6 的近似根: 2
```

4. 改进的程序

上述程序的 iterative 函数中，直接使用了给定方程的右式及其导数
$$(2 * x1 * x1 * x1 - 4 * x1 * x1 + 3 * x1 - 6)/(6 * x1 * x1 - 8 * x1 + 3)$$
求 x0 值，影响了程序的通用性。可将这个求值表达式写成另一个函数，然后在 iterative 函数中调用它来求 x0 值，从而提高程序的通用性。

另外，还可将表达式 $f(x)/f'(x)$ 的求解函数放到某个头文件中，并在当前 .cPP 文件中将该头文件包含进来，然后引用头文件中定义的函数，从而进一步提高程序的通用性。

按照这种思路，可将程序改写如下：

//程序 4-5改_ 牛顿迭代求方程的根

```
//头文件 equation.h
# include <iostream>
using namespace std;
//自定义函数：求指定方程的 f(x)/f'(x)值
double equation(double x1)
{    return (2 * x1 * x1 * x1 - 4 * x1 * x1 + 3 * x1 - 6)/(6 * x1 * x1 - 8 * x1 + 3);
}
//源代码文件: iterative.cpp
# include <iostream>
# include <cmath>
# include "equation.h"
using namespace std;
//自定义函数：牛顿迭代法求方程的根
void iterative(double x0,double epsilon)
{    double x1 = x0;
     //用近似根初值求出下一个近似根
     x0 -= equation(x1);           //按指定的方程计算新的近似根
     //调用自身,两次近似根大于误差值时继续迭代
     if(fabs(x0 - x1) > epsilon)    //
         iterative(x0,epsilon);
     else
         cout <<"方程的近似根: "<< x0 << endl;
}
//主函数: 调用自定义函数求方程的根
int main()
{    double x0,epsilon;
     cout <<"初值 x0?两次近似根最大容许差 epsilon?";
     cin >> x0 >> epsilon;
     //调用牛顿迭代法求根的函数
     iterative(x0,epsilon);
     return 0;
}
```

5. 改进后程序的运行结果

改进后程序的一次运行结果如下：

```
初值 x0?两次近似根最大容许差 epsilon? 1.5 1e-5
方程的近似根:2
```

4.3 实验指导

本章安排 3 个实验：第 1 个主要练习函数的定义和调用方法；第 2 个主要练习函数的嵌套调用和递归调用方法；第 3 个主要练习编译预处理（宏定义、文件包含命令）和多文件结构程序的编写和运行方法。

通过本实验，可以掌握函数的定义、调用以及参数传递的一般方法，进一步认知 C++ 程序的常用结构以及过程化程序设计（相对于面向对象程序设计而言）的典型方法。

实验 4-1　函数的定义和调用

本实验中，需要编写 3 个程序：根据给定的数学表达式（分段函数）求函数值；定义和调用内联函数求 3 个数中的最大数；根据秦九韶算法（迭代法）求解多项式的值。

1. 分段函数求值

【程序的功能】

分别按下式求当 x 等于 9.3、0 和 -10.5 时的 y 值：

$$y = \begin{cases} 2x+1 & (x \geq 0) \\ -\dfrac{1}{x} & (x < 0) \end{cases}$$

【算法分析】

(1) 输入自变量 x。

(2) 判断 x≥0？

　　　是则 y＝2x＋1；

　　　否则 y＝－1/x。

(3) 输出函数值 y。

(4) 输出"继续吗（y/n）？"。

(5) 若输入为"y"，则转向(1)。

(6) 算法结束。

【程序设计步骤】

(1) 填充适当的代码，完成按给定的数学表达式求 y 值的函数的定义。

```
float fun(    ①    )
{    if(    ②    )
            ③    ;
     else
            ④    ;
}
```

(2) 按照给定的算法编写 main 函数，调用 fun 函数求解并输出 y 值。

(3) 创建一个控制台工程，输入并运行程序。

2. 使用内联函数求 3 数中最大数

【程序的功能】

编写内联函数并在主函数中调用它，分别求 3 组实数中的最大值：8.8、9、－3.3；－2.3、－10.1、5；－5.4、3、0。

【算法分析】

(1) 输入 3 个数 a、b、c。

(2) 设最大数为 max。

(3) 判断：a 是 3 数中最大者？

是则 max=a，转向(6)。

(4) 判断：b 是 3 数中最大者？

是则 max=b，转向(6)。

(5) max=c。

(6) 输出 max。

(7) 输出"继续吗(y/n)？"

(5) 若输入为"y"，则转向(1)。

(6) 算法结束。

【程序设计步骤】

(1) 填充适当的代码，定义求 3 数中最大值的内联函数。

```
inline float maxThree(float a, float b, float c)
{   if(a>b&&a>c) return    ①   ;
    if    ②
    return    ③   ;
}
```

(2) 按照给定的算法编写 main 函数，调用 maxThree 函数分别求解给定的 3 组数中的最大数。

(3) 创建一个控制台工程，输入并运行程序。

3. 秦九韶算法求多项式的值

【程序的功能】

对任意给定的 x 值和 n 值，求下面多项式的值：

$$P(x) = 1 + 3x + 5x^2 + 7x^3 + 9x^4 + \cdots + 2_{n-1} \cdot x^{n-1}$$

方法(秦九韶算法)是，将多项式变为

$$P(x) = 1 + x(3 + x(5 + x(7 + x(9 + \cdots + x(a_{n-1} + x(a_n + x * 0))))))$$

令 $y = 0$；

- 计算最内层括号内一次多项式的值：$y = a_n + xy$；
- 计算第 2 层括号内一次多项式的值：$y = a_{n-1} + xy$；
- …… ……
- 计算次外层括号内一次多项式的值：$y = 5 + xy$；
- 计算最外层括号内一次多项式的值：$y = 3 + xy$；
- 计算最后一个一次多项式的值：$y = 1 + xy$。

【算法分析】

（1）输入项数 n；

   输入自变量 x。

（2）定义累加和变量 y，初值 y＝0。

   定义循环变量 i，初值 i＝n－1。

（3）输入当前项系数 a。

（4）y＝a＋xy。

（5）i＝i－1。

（6）判断 i≥0?

   是则转向（3）。

（7）输出 y。

（8）算法结束。

【程序设计步骤】

（1）编写名为 qinJS 的函数，其功能为，逐次将用户输入的各次项系数代入 y＝1＋xy，计算并返回 y 值。函数原型为：

```
double qinJS( int n, double x);
```

（2）编写主函数，求解多项式 $1+3x+5x^2+7x^3+9x^4+\cdots+2_{n-1}\cdot x^{n-1}$ 的值。主函数形式如下：

```
int main()
{   输入自变量 x;
    输入项数 n;
    调用 qinJS 函数求 y 值;
    输出 y 值;
    return 0;
}
```

（3）创建一个控制台工程，输入并运行程序。

实验 4-2 函数的嵌套与递归调用

本实验中，需要编写 3 个程序：计算已知半径的圆面积、球体表面积和体积；一个正整数的自加和自乘；求多个数中的最大数。

1. 求若干个连续数乘方之和

【程序的功能】

求 1～10 这 10 个整数的 4 次方的累加和。即求解

$1^5+2^5+3^5+\cdots+9^5+10^5$

【算法分析】

(1) 输入项数 n；

输入幂次 k。

(2) 定义累加和变量，初值 sum＝0。

定义循环变量 i，初值 i＝1。

(3) 求当前项：power＝ i 的 k 次方。

(4) 累加当前项：sum＝sum＋power。

(5) i＝i＋1。

(6) 判断 i＞n？

是则转向(3)。

(7) 输出 sum。

(8) 算法结束。

【程序设计步骤】

(1) 编写求 i 的 k 次方的函数，函数原型为

```
long Power(int n, int k)
```

(2) 编写求累加和的函数，函数原型为

```
long Sum(int n, int k)
```

在 Sum 函数中，逐次调用 Power 函数计算 i 的 k 次方得到当前项，然后将其值累加到 sum 变量中。

(3) 编写主函数，主函数形式如下：

```
int main()
{    定义项数 n 和幂次 k；
     输入项数 n 和幂次 k；
     调用 Sum 函数计算累加和；
     输出累加和；
}
```

(4) 创建一个控制台工程，编写并运行程序。

2. 递归法求勒让德多项式的值

【程序的功能】

求当 $x＝1.5$ 时第 4 阶 Legendre 多项式的值。Legendre(勒让德)多项式可表示为：

$$P_n = \begin{cases} 1 & (n=0) \\ x & (n=1) \\ ((2n-1) \cdot P_{n-1}(x) \cdot x - (n-1) \cdot P_{n-1}(x))/n & (n>1) \end{cases}$$

【算法分析】

(1) 输入阶数 n；

输入自变量 x。

（2）n 阶勒让德多项式的值表示为 p(n,x)。

（3）判断阶数 n？

n＝0,则 p(n,x)返回值 1；

n＝1,则 p(n,x)返回值 x；

n＞1,则 p(n,x)返回值

$((2n-1) \cdot p((n-1),x) \cdot x-(n-1) \cdot p((n-1),x)/n$。

（4）输出 p(n,x)的返回值。

（5）算法结束。

【程序设计步骤】

（1）依据给定算法,填充下面程序。

```cpp
//实验 4-2-2_ 求 x=1.5 时第 4 阶 Legendre 多项式的值
#include <iostream>
using namespace std;
//主函数：顺序输出最大的三个数
double P(int n,double x)
{   if(n==0)
        ____①____ ;
    if(n==1)
        ____②____ ;
    return ____③____ ;
}
int main()
{   double x,y;
    int n;
    cin >> ____④____ ;
    cout << ____⑤____ endl;
    return 0;
}
```

（2）创建一个控制台工程,编写并运行程序。

实验 4-3　编译预处理与多文件结构

本实验中,需要编写 3 个程序：计算已知半径的圆面积、球体表面积和体积；一个正整数的自加和自乘；求多个数中的最大数。

1. 使用宏定义找三个最大数

【程序的功能】

找出 10 个输入数据中最大的三个数,并按递减次序输出这三个数。

要求：使用宏定义求解。

【算法分析】

(1) 定义表示三个最大数的变量 m1、m2、m3。

(2) 循环变量 i=0。

(3) 输入一个数 x。

(4) 判断 m1<x? 是则 m1=x；

否则再判断 m2<x? 是则 m2=x；

否则再判断 m3<x? 是则 m3=x。

(5) i=i+1。

(6) 判断 i<10? 是则转向(3)。

(7) 顺序输出 m3、m2、m1。

(8) 算法结束。

【程序设计步骤】

(1) 编写宏定义语句(放在 using namespace std;之前)：

```
#define Max(max,xx) if((max)<(xx)) (max) = (xx)
```

(2) 编写主函数：输入 10 个数,求出其中最大的三个数,按大小分别赋予三个变量 m1、m2 和 m3,然后顺序输出这三个数。主函数形式如下：

```
int main()
{    定义 3 个变量 m1、m2 和 m3,初值均为 0。
     循环 10 次:
     {    输入 x;
          判断 m1 < x?是则 m1 = x;
          否则,再判断 m2 < x?是则 m2 = x;
          否则,再判断 m3 < x?是则 m3 = x。
     }
     输出 m1、m2、m3。
}
```

在 x 与最大的 3 个变量比较时,要调用宏替换,形成一个多分支的 if 语句。

(3) 创建一个控制台工程,编写并运行程序。

2. 确定某日是该年第几天

【程序的功能】

输入一个日期(年,月,日),确定该日期是该年的第几天。

【提示】 需要考虑该年是否为闰年。

【算法分析】

本程序中,主要考虑两点：

(1) 确定该年是否闰年(闰年 2 月有 29 天,平年 2 月有 28 天)。其算法思想是：

• 如果年份值不能被 4 整除,则是平年。

• 如果年份值能被 4 整除,但不能被 100 整除则是闰年。

• 既能被 4，也能被 100 整除的年份中，还能被 400 整除的也是闰年，否则是平年。

（2）根据历法，1、3、5、7、8、10、12 月每月 31 天，4、6、9、11 月每月 30 天，平年 2 月份 28 天，闰年 2 月份 29 天。

【程序设计步骤】

（1）创建名为"某日是该年第几天"的控制台工程。

（2）创建 sumDay. h 头文件，其中输入计算某日是多少天的 sumDay 函数：

```cpp
int sumDay(int month, int day)
{   int i;
    int dayTab[12] = {31,28,31,30,31,30,31,31,30,31,30,31};
    for (i = 0; i < month - 1; i++)
        day += dayTab[i];
    return(day);
}
```

注：该程序中用到数组的操作，将在下一章讲解。

（3）创建 isLeap. h 头文件，其中输入判断闰年的 isLeap 函数：

```cpp
int isLeap(int year)                    //判断是否为闰年
{   int leap;
    leap = year % 4 == 0&&year % 100!= 0||year % 400 == 0;
    return(leap);
}
```

（4）创建"第几天. cpp"文件，其中将 sumDay. h 头文件和 isLeap. h 头文件包含进来，并输入主函数：

```cpp
#include <iostream>
using namespace std;
int main()
{   int sumDay(int, int);
        int isLeap(int year);
        int year, month, day, days = 0;
        cout <<"日期(year, month, day)? ";
        cin >> year >> month >> day;
        cout << year <<"/"<< month <<"/"<< day;
        days = sumDay(month, day);
        if(isLeap(year) && month >= 3)
            days = days + 1;
        cout <<"是该年第"<< days <<"天。"<< endl;
        return 0;
}
```

（5）运行该程序。

第5章 构造类型与顺序表操作

本章学习几种常用的复杂数据类型和顺序表的知识,主要包括:

- 数组:是一组具有相同数据类型的数据的有序集合,通过数组名和下标(序号)来操作其中每个数据。
- 结构体:是由多个具有不同数据类型的成员数据组成的数据类型,通过结构体名与成员名来操作其中每个成员。
- 枚举类型数据:提供了在定义变量时逐个列举其值而提高程序可读性的一种方式。
- 字符串:是一般程序设计语言都支持的常用数据类型,但在标准C++中,需要包含 string 头文件后才能使用。
- 顺序表:计算机中实现线性表的一种方式。也就是说,它是线性表的一种存储结构。

通过本章学习,可以理解 C++ 中的数组、结构体、枚举和字符串这几种复杂数据类型的概念和语法规定,基本掌握它们的使用方法并编写出数据处理能力更强的程序。另外,还可以在理解顺序表的意义和特点的基础上,更好地组织数据,构思更为规范的程序,从而更好地体验程序设计的内涵和方法。

5.1 基本知识

程序设计过程中，经常需要处理成批互相关联的数据，只使用属于基本数据类型的变量和常量是远远不够的，还需要用到数组、结构体类型或者枚举类型，这些数据类型都是由数值型、字符型等基本类型导出的"构造类型"。

实用的程序往往需要处理大批量数据，可以按照实际需求采用不同的方式将数据组织在一起，线性表就是一种常用的数据组织方式。

5.1.1 一维数组的定义和使用

数组是多个相同类型的数据集合，每个数组都有一个名字（数组名）。其中每个数据在数组中的位置都由其下标确定，称为数组元素或者下标变量。可以按照数组元素的下标个数将其分为一维数组、二维数组和多维数组。

1. 一维数组的定义

数组和单个变量一样，也必须在定义之后才能使用。一维数组的定义包含对于数组名、数组元素的数据类型和个数的说明。例如，

```
int arr[5];
```

定义了有 9 个数组元素的整型数组。其中包含的数组元素依次为 arr[0]、arr[1]、arr[2]、arr[3]、arr[4]，又如，

```
char ch[10], c;
```

定义了有 10 个数组元素的字符型数组 ch 和一个字符型变量 c。

定义了一个数组之后，C++就会分配一批连续的存储单元，依次存放各个数组元素并用数组名表示这块存储区域的起始位置。例如，数组 arr 中的所有元素在内存中以如图 5-1 所示的方式存储在一起。

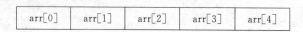

| arr[0] | arr[1] | arr[2] | arr[3] | arr[4] |

图 5-1　arr 数组的存储

2. 一维数组的初始化

像普通变量一样，在数组定义的同时就可以对数组元素赋初值。例如，

```
double x[5] = {1.2, 2.3, -10, 6.9, -8.6};
```

定义了有 5 个数组元素的双精度型数组，其中 x[0]＝1.2，x[1]＝2.3，x[2]＝－10，

x[3]=6.9，x[4]=−8.6。也可以写成：

```
double x[] = {1.2, 2.3, −10, 6.9, −8.6};
```

也就是说，如果定义数组时就为其中元素赋初值，则可不指定数组大小。但当初值的个数比元素个数少时，则必须指定数组的大小。

3. 一维数组元素的访问

数组元素可像单个变量一样使用，通过数组名和下标就能够存取数组中每个元素。

应该注意的是，在访问数组时，只能访问其中的数组元素而不能将整个数组作为一个整体来使用。例如，如果 arr 是个数组，那么语句

```
cin >> arr;
```

中引用数组 arr 的方式就是错误的，应该使用一个循环结构。

例 5-1 输入 10 个数字并按输入时的逆序输出它们。

本例给出的程序中，通过一个循环语句逐个输入 10 个数字，再通过另一个循环语句按输入时的逆序逐个输出这 10 个数字。

```
//例 5-1_输入 10 个数并按其逆序输出
# include < iostream >
using namespace std;
int main()
{    int a[10],i;                          //定义包含 10 个元素的数组及循环控制变量
     cout <<"10 个整数?";
     for (i = 0;i <= 9;i++)                 //循环 10 次,输入 10 个元素的值
         cin >> a[i];
     for (i = 9;i >= 0;i-- )                //循环 10 次,按逆序输出 10 个元素
         cout << a[i]<<" ";
     cout << endl;
}
```

本程序的一次运行结果如下：

```
10 个整数?9 8 7 10 −10 1 2 3 6 5
5  6  3  2  1   −10  10  7  8  9
```

5.1.2　二维数组的定义和使用

由两个下标的数组元素所组成的数组称为二维数组。一维数组在逻辑上可以想象成线性排列一个数据表或者矢量，而二维数组在逻辑上则可以想像成是由若干行、若干列组成的一个表格或者一个矩阵。

注：二维数组的许多性质都可以直接推广到三维数组（三个下标）或更高维数组。

1. 二维数组的定义与存储

二维数组实际上对应了一个二维表。例如，

```
float m[3][4];
```

说明了一个共有 10 行，每行有 10 个元素的浮点型数组 m，它的第一个元素是 m[0][0]，最后一个元素是 m[2][3]，如图 5-2(a)所示。

由于计算机内存是一维的，故二维数组在内存中是线性存储的，也就是说，整个数组在内存中占据一片连续的存储单元。C++为数组分配存储的原则是数组元素按行次序存储，即先为第一行各元素分配存储单元，接着是第 2 行，第 3 行，…，每一行中的各个元素按列号递增次序进行分配。例如，数组 m 的存储分配如图 5-2(b)所示。

注：也有些程序设计语言按列给数组分配内存。

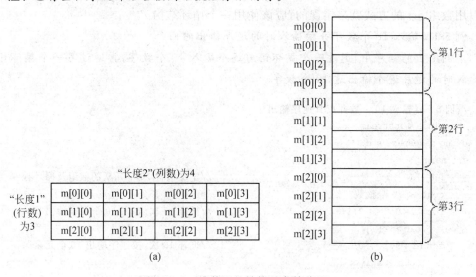

图 5-2　二维数组的结构及存储分配

对于二维数组，通常使用二重循环结构控制其行列下标访问数组中的每个元素。例如，读入 m 数组中的所有元素的二重循环如下：

```
for(int i = 0; i < 3; i++)
  for(int j = 0; j < 4; j++)
      cin >> m[i][j];
```

2. 二维数组的初始化

二维数组可以在定义时赋初值。例如，

```
int mark[2][3] = { 80,89,93,84,86,90};
```

定义了数组 mark 并按数组元素的物理存储次序逐个赋初值。又如，

```
float matrix[2][3] = { 2.0, 6.0};
```

在定义数组 matrix 的同时,也为 matrix 的前两个数组元素赋初值。

二维数组本质上可以看成是一维数组,而这个一维数组的每个元素又是一个一维数组。这是因为在 C++语言中,数组元素的类型不仅可以是简单类型,也可以是构造类型,从二维数组的写法就可以看出这一点。

例如,可以把刚才定义的 mark 数组看成一个 2 行 3 列的二维数组,也可以看成是一维数组,其中包含两个元素 mark[0]和 mark[1],而这两个元素又代表了两个一维数组。因此,它们又都是一维数组的数组名,每个一维数组都有 3 个整型元素。其中一维数组 mark[0]包含的 3 个元素,分别为 mark[0][0]、mark[0][1]和 mark[0][2]。

这样,给二维数组 mark 赋初值也可以采用以下形式:

```
int mark[2][3] = {   {80,89,93 },
                     {86,90,92 }
                 };
```

二维数组初始化时,可以省略行下标值,但列下标值不能省略。例如,mark 数组的定义也可以写成下面两种形式:

```
int mark[ ][3] = { 80,89,93,84,86,90 };
int mark[ ][4] = { {80,89,93}, {86,90,92} };
```

3. 二维数组的访问

使用数组名和两个下标,可以访问二维数组中任意一个元素。

例 5-2 输出二维数组以及各行的算术平均值。

本程序执行了以下操作:

* 定义一个二维数组并为其中每个元素赋初值。
* 通过一个二重循环,输出二维数组中每个元素,计算每行中元素的平均值并逐个赋予一个一维数组各元素。
* 输出保存了二维数组中各行平均值的一维数组。

```
//例 5-2_输出二维数组及各行平均值
#include <iostream>
using namespace std;
int main()
{   int aa[3][5] =   {   { 9,8,10,6,7 },
                         { 12,3,1, 5,6 },
                         { 13,5,4, 9,3 },
                     };
    cout <<"二维数组 aa[3][5]: "<< endl;
    float b[3];
    for (int i = 0;i < 3;i++)              //循环次,各输出二维数组中行元素并求行均值
    {   b[i] = 0;
        for (int j = 0;j < 5;j++)          //循环次,各输出每行中个元素并累加到行总值
```

```
        {   cout << aa[i][j]<<" ";
            b[i] = b[i] + aa[i][j];
        }
        cout << endl;
        b[i] = b[i]/5;
    }
    cout <<"一维数组 b[3]: "<< endl;
    for (int i = 0;i < 3;i++)                //循环次,各输出一维数组中个元素
        cout << b[i]<<" ";
    cout << endl;
    return 0;
}
```

本程序的一次运行结果如下：

```
二维数组 aa[3][5]:
9   8   10  6   7
12  3   1   5   6
13  5   4   9   3
一维数组 b[3]:
8   5.4  6.8
```

5.1.3 字符串处理

字符串是由零个或多个字符组成的有限序列，通常是整体作为操作对象的。无论创建什么类型的应用程序，都需要使用字符串。因此，字符串是几乎所有程序设计语言都支持的最常用的数据类型。但在 C 及较早的 C++ 语言中，没有提供字符串类型，一般是用字符数组来存放字符串的，也可以用字符指针指向字符串。而 ANSI/ISO 标准 C++ 在 string 头文件中提供了字符串类型的定义，将这个头文件包含到程序中，即可进行字符串的各种操作。

1. 字符数组

当数组中的元素都是一个个字符时，称之为字符数组。C++ 中，可以用一个一维字符数组来表示一个字符串，数组中每个元素保存字符串中的一个字符，并附加一个空字符（表示为'\0'），添加在字符串末尾，以标记字符串的结束。所以，如果一个字符串有 n 个字符，则至少需要 $n+1$ 个元素的字符数组来保存它。

注：单个字符'a'只需要一个字符变量就可以保存，但字符串"a"需要两个元素的字符数组来保存。其中一个元素保存字符'a'，另一个元素保存空字符'\0'。

例 5-3 输出指定月份的英文名称。

本程序的功能为：按照用户键入的数字，输出相应的英文月份名称，连续键入则连续输出，直到用户键入一个小于 1 或者大于 12 的数字时，程序终止。

程序中，需要定义一个 13 行的二维数组，并按行序逐个赋予 12 个月的英文名称为

其初值。为了使得行下标与月份值一一对应,二维数组首行(行下标为 0)赋初值为空字符串。

```cpp
// 例 5-3_输出指定月份的英文名
#include <iostream>
using namespace std;
int main()
{   char month[13][12] =                    //二维字符数组_存放月份的英文名称
    {   "","January","February","March","April","May","June","July",
        "August","September","October","November","December"
    };
    int m;                                  //m_数字型月份
    cout <<"月份(1~12 的数字)?";
    cin >> m;                               //输入月份
    while(m > 0 && m < 13)
    {   cout << m <<"月: "<< month[m]<< endl;    //输出指定月份的英文名
        cout <<"月份(1~12 的数字)?";
        cin >> m;                           //输入月份
    }
    return 0;
}
```

程序的一次运行结果如下:

```
月份(1~12 的数字)? 3
3 月: March
月份(1~12 的数字)? 5
5 月: May
月份(1~12 的数字)? 2
2 月: February
月份(1~12 的数字)? 10
10 月: October
月份(1~12 的数字)? 9
9 月: September
月份(1~12 的数字)? 12
12 月: December
月份(1~12 的数字)? 18
```

2. 字符串类型

字符串数据类型 string 实际上是在"string"头文件中定义的一个类(ANSI/ISO 标准 C++库支持它),可将其看作为一种用户自定义类型。在使用 string 类之前,要用文件包含命令

```cpp
#include <string>
```

包含"string"头文件。此后便可像基本类型一样用来定义字符串变量(称为对象更准确)了。例如,语句

```
string nameS = "Zhang Jing";
```

声明了 string 类型的变量 nameS,并将字符串"Zhang Jing"赋给该变量。字符串中字符的序号从 0 开始,字符串的长度是实际字符个数加 1(包含一个串结束符)。

例 5-4 使用 string 进行字符串操作。

本程序执行了以下操作:

- 定义并初始化两个 string 类的字符串变量。
- 合并两个字符串变量。
- 输出合并前及合并后的字符串。
- 查找指定的子字符串并替换为另一个指定的子字符串。
- 输出替换了部分内容的字符串。

本程序中,需要使用 string 类的 find()等成员函数,这些函数可用于 string 类的对象。另外,C++还提供了一批用于字符串处理的库函数。

例如,假定 yString 是 string 型变量,在使用语句

```
cin >> yString;
```

输入其值时,用户键入了"How are you?"字符串,那么,C++只将第 1 个空格前的"How"赋予该变量,只有在使用了语句

```
getline(cin, yString);
```

之后,这个包含了空格的字符串才能整体赋值给 yString。

```
//例 5-4_用 string 类的对象处理字符串
#include <iostream> //包含需要的头文件
#include <string>                        //使用 string 类需要包含头文件 string
using namespace std;              //名字空间
int main()                              //主函数
{   //定义并初始化 string 类的对象 s1
    string s1("It tells you how to get data");
    //定义 string 类的对象 s2 和 ss
    string s2,ss;
    int k;
    //为 string 类的对象 s2 赋值
    s2 = "from one computer to another.";
    //合并两个字符串,并赋值给 ss
    ss = s1 + s2;
    //显示合并前的两个串及合并后的串
    cout <<"s1 = ["<< s1 <<"]"<< endl;
    cout <<"s2 = ["<< s2 <<"]"<< endl;
    cout <<"合并: s1 + s2\nss = ["<< ss <<"]"<< endl;
    //在 ss 中查找"data"子串,找到后将子串起始位置赋予 k 变量
    k = ss.find("data");
    //删除子串_ ss 中 k 处开始的 sizeof("data") - 1 个字符
    ss.erase(k, sizeof("data") - 1);        //删除 Heavy
```

```
        //在 ss 串中,从 k 处起插入字符串"information"
        ss.insert(k,"information");
        //输出合并、替换后的字符串
        cout <<"将 data 替换为 information: \nss = ["<< ss <<"]"<< endl;
        return 0;
}
```

本程序的运行结果如下:

```
s1 = [It tells you how to get data ]
s2 = [from one computer to another.]
合并: s1 + s2
ss = [It tells you how to get data from one computer to another.]
将 data 替换为 information:
ss = [It tells you how to get information from one computer to another.]
```

5.1.4　结构体的定义和使用

为了表示一组互相关联却分属于不同数据类型的数据,C 语言提供了一种用户自定义的"结构体"数据类型。C++继续支持这种类型并扩充了它的功能。

1. 结构体的概念

结构体与数组相似,也是由特定数目的元素(称为域)组成的。两者之间的区别在于,结构体类型变量的域可以是不同的数据类型,而数组元素的数据类型则必须相同。结构体类型中的域名可以随意排列,不像数组元素那样有严格的顺序要求。另外,结构体类型定义的格式、引用的格式也与数组类型不同。

注:C 语言的结构体类型只有成员变量。而 C++的结构体类型除包含数据成员外,也可包含成员函数,这与后面要讲的类相似。这里采用 C 语言中使用结构体(只包含公共数据成员的结构体)的方法。

2. 结构体变量的定义和引用

结构体类型定义的一般形式为:

```
struct <结构体类型名>
{    <数据类型> <成员 1>;
     <数据类型> <成员 2>;
     …
}
```

在自定义了结构体类型,并用这种自定义类型定义了相应的变量之后,就可以按下面的形式引用结构体变量中的成员了:

```
<结构体类型变量名>.<成员名>
```

例如，如果定义了表示复数的类型 Complex：

```
struct Complex
{   int real,image;
};
```

就可使用这种自定义的 Complex 类型来定义表示复数的 3 个变量：

```
struct Complex x = {9,5}, y = { - 6, - 8}, z;
```

并可在此后进行复数运算且输出运算的结果了：

```
z. real = x. real + y. real;
z. image = x. image + y. image;
cout <<"z = "<< z. real <<" + ("<< z. image <<")i"<< endl;
```

这里求得的复数 z 是：

```
z = 3 + ( - 3)i
```

例 5-5　用结构体表示学生的记录并输出一个简单的学生表。

本程序执行了以下操作：

- 定义一个表示日期的结构体类型 date，其中有分别表示年、月和日的 3 个数据成员。
- 定义一个表示学生的结构体类型 Student，其中有分别表示学生的学号、姓名、生日和成绩的数据成员，而且"生日"又是刚定义过的 date 类型的变量（这种情况称为嵌套）。
- 用刚定义过的 Student 类型定义 3 个结构变量 zhang、wang 和 li 并给其中的 zhang 变量赋初值。
- 逐个输入 wang 变量中各数据成员。
- 将 wang 变量整体赋值给 li 变量。
- 逐个输出 wang 变量中各数据成员。
- 修改 zhang 变量的"生日"成员中的年份。
- 逐个输出 zhang 变量中各数据成员。

```
//例 5 - 5_用结构体存放学生的记录
# include < iostream >
using namespace std;
//定义结构体 Date
struct Date
{   int year,month,day;
};
//定义结构体 Student,内含 Date 类成员
struct Student
{   char number[20];
    char name[20];
    Date birthday;                    //结构体的嵌套,成员是另一结构体变量
```

```
        float score;
};
//主函数
int main()
{   //定义并初始化结构体变量
    struct Student zhang = {"0901","张京",1996,3,3,98},wang,li;
    cout <<"王.学号? 姓名? 生日.年? 生日.月? 生日.日? 成绩? "<< endl;
    cin >> wang.number >> wang.name;        //结构体输入,分别输入成员
    cin >> wang.birthday.year >> wang.birthday.month >> wang.birthday.day >> wang.score;
    li = wang;                              //结构体赋值,同类型变量整体赋值
    cout << wang.number <<"\t"<< wang.name <<"\t";            //结构体输出,分别输出成员
    cout << wang.birthday.year <<"."<< wang.birthday.month <<"."<< wang.birthday.day;
    cout <<"\t"<< wang.score << endl;
    zhang.birthday.month = 2;              //修改 zhang 的出生日期的月份
    cout << zhang.number <<"\t"<< zhang.name <<"\t";          //结构体输出,分别输出成员
    cout << zhang.birthday.year <<"."<< zhang.birthday.month <<"."<< zhang.birthday.day;
    cout <<"\t"<< zhang.score << endl;
    return 0;
}
```

本程序的运行结果如下:

```
王.学号?姓名?生日.年?生日.月?生日.日?成绩?
0902 王芳 1996 8 5 93
0902    王芳    1996.8.5        93
0901    张京    1996.2.3        98
```

5.1.5 顺序表的概念

编程序解决实际问题时,往往需要处理大批量的数据,因而首先要考虑采用什么方式将这些数据组织在一起,然后才能确定解决问题的算法。线性表就是一种最常见的数据组织方式(称为数据结构)。

1. 线性表的概念

线性表是组织数据的一种最简单的方式。将一批相同类型的数据挨个摆放在一起就构成一个线性表。将一个线性表存放到计算机中,可以采用多种不同的方法,其中最自然的是顺序存放的方法,即将所有数据元素(称为结点)按照它们本来的顺序逐个存放在一片相邻的存储单元中,这样存储的线性表称为顺序表。

例如,用一个一维数组来表示的大写英文字母表(A,B,…,Z)就可以看作为一个简单的线性表,表中每个英文字母都是一个结点,结点之间存在唯一的顺序关系。例如,字母 B 的前面是字母 A(直接前趋),后面是字母 C(直接后继)。

在较为复杂的线性表中,结点可由多个数据项组成。例如,假定用一个线性表来表示一个学生登记表,则每个结点中都包含了一个学生的学号、姓名、性别、出生年月、入学总分、籍贯等多个数据项。

2. 顺序表的特点

用顺序表来实现线性表时，线性表中逻辑结构相邻的数据元素在顺序表中的物理存储单元也相邻。假设线性表中有 n 个元素，每个元素占用 k 个存储单元，第一个元素的地址为 $loc(a_1)$，则可按公式

$$loc(a_i) = loc(a_1) + (i-1) \times k$$

计算第 i 个元素的地址 $Loc(a_i)$，如图 5-3 所示。其中 $loc(a_1)$ 称为基址。

存储地址	内存空间状态	逻辑地址
$Loc(a_1)$	a_1	1
$Loc(a_1)+(2-1)k$	a_2	2
$Loc(a_1)+(3-1)k$	a_3	3
...	...	...
$loc(a_1)+(i-1)k$	a_i	i
...	...	...
$loc(a_1)+(n-1)k$	a_n	n
...	...	

图 5-3　顺序表（线性表的顺序存储结构）

可以看出，在顺序表中，每个结点 a_i 的存储地址是该结点在表中的逻辑位置 i 的线性函数，只要知道线性表中第一个元素的存储地址（基地址）和表中每个元素所占用的存储单元个数，就可以计算出线性表中任意一个数据元素的存储地址，从而实现对顺序表中数据元素的随机存取。

3. C++中顺序表的实现

顺序表可以用 C++ 中的数组来实现，每个数组元素可以是同类型的整数、字符、浮点数等，也可以是数组、字符串、结构体等构造类型的数据，还可以是更复杂的具有相同结构的其他数据结构。随着结点种类的变化，施加于顺序表上的基本操作的步骤、难易程度、耗费的时间和存储空间等，都会有所变化，但操作的原理和方法是一致的。

5.1.6　顺序表的C++实现

在顺序表中，经常执行下列操作：
- 创建顺序表：可定义数组来存放顺序表。
- 确定顺序表是否为空：即判断当前表长是否为零。
- 置顺序表为空表：需要逐个为每个数组元素赋空值。
- 确定顺序表是否已满：即判断当前表长是否达最大值。

- 查找某个数据元素：将指定值与所有元素或元素中某个数据项逐个比较，如果找到了，则给出相应元素的下标；否则给出提示信息。
- 在第 i 个位置插入一个新元素：将指定（第 i 个）位置之后的数据元素逐个后移（移向下标增大的方向），空出一个元素的位置，然后将新元素插入该处。
- 删除第 i 个元素：将指定（第 i 个）位置之后的数据元素向下标减小的方向逐个前移，挤掉欲删除的元素。

1. 一维整型数组实现的顺序表

假设一维数组定义为

```
int a[9];
```

各数组元素的值如图 5-4(a)所示。则该数组的特点及操作分析如下：

- 数组元素：整数。
- 有效数据元素个数（顺序表长度）：length＝7。
- 查找操作：将待查整数与数组中各元素逐个比较，遇到等值的元素时停止操作并给出该元素的序号。如果比较到最后一个元素时仍不相等，则显示特殊值或"找不到!"之类的提示信息。即执行语句

```
int i = 0;
while( i < 9 && a[i]!= key)
    i++;
if( i >= length) return -1;          //最终未找到值为 key 的元素,返回-1
else return i+1;                     //找到值为 key 的元素时,返回元素位置
```

- 插入操作：将插入位置处到末尾的所有元素逐个后移，空出插入位置，再将待插元素放入此处。如果插入位置为 3，则相当于执行语句

```
for( int k = 9; k>2; k-- )
    a[k] = a[k-1];               //元素逐个向后移动
a[2] = x;                        //第 3 个位置存入新元素
length++;                        //表长度加 1
```

- 删除操作：将待删元素之后的元素逐个前移，覆盖待删元素，如果待删的是第 3 个元素，则相当于执行语句

```
for( int k = 2; k<9; k++)
    a[k] = a[K+1];              //元素逐个向前移动
length-- ;                      //表长度减 1
```

2. 二维整型数组实现的顺序表

假设二维数组的定义为

```
int aa[8][4];
```

各数组元素的值如图 5-4(b)所示。则该数组的特点及操作分析如下：

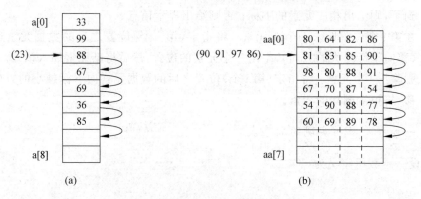

图 5-4 顺序表的结点及插入操作

- 数组元素：一维数组。
- 查找操作：如果要查找的是第 3 个数据项为 88 的数据元素，则相当于执行语句

```cpp
int key = 88;
int i = 0;
while( i < 8 && a[i][2] != key)
    i++;
if( i >= 8) return -1;          //最终末找到值为 key 的元素,返回 -1
else return i + 1;              //找到值为 key 的元素时,返回元素行号
```

应该注意,当前操作比较的是顺序表中数据元素的某个数据项而不是整个元素,通常将这种数据项称为查找关键字。

- 插入操作：如果插入位置为 3,则相当于执行语句

```cpp
//元素逐个向后移动
for( int k = 8; k > 2; k-- )
    for( int n = 3; n >= 0; n-- )
        a[k][n] = a[k-1][n];
//第 i 个位置存入新元素
for( int n = 3; n >= 0; n-- )
    a[2][n] = x[n];
//表长度加 1
length++;
```

应该注意,当前操作要移动的是多个数据项构成的一维数组而不是单个整型数。

- 删除操作：如果待删的是第 3 个元素,则相当于执行语句

```cpp
//元素逐个向前移动
for(int k = 2; k < 8; k++)
    for( int n = 3; n >= 0; n-- )
        a[k][n] = a[k+1][n];
//表长度减 1
length-- ;
```

应该注意,当前操作要移动的是多个数据项构成的一维数组而不是单个整型数。

5.2 程序解析

本章解析的几个程序中,将分别使用一维数组、二维数组、结构体和枚举型变量来存储和处理成批的数据,以便更为深入地认知编程序解决问题的一般方法和 C++程序的特点。还会解析两个顺序表操作的程序,以便从另一个角度上认知算法在程序设计中的作用。

程序 5-1 顺序查找

本程序的功能为,定义一维数组并存入 15 个数字(此处称为查找表)。运行后,由用户输入一个数字并在一维数组中查找它。如果查找成功,则输出该数字所处位置(相应数组元素下标加 1),否则显示查找失败的提示信息。

1. 算法分析

本程序依据如图 5-5 所示的顺序查找算法来编写。算法的基本思想是:

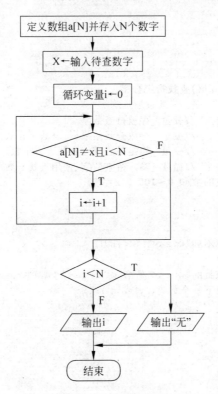

图 5-5 顺序查找算法

- 待查数字与查找表中每个数字逐次比对，直至有一个相等为止。
- 如果找到了，则输出该数字在查找表中的位置；
  如果比对到最后一个数字仍不相等，则输出"找不到"之类提示信息。

2. 程序

本程序定义一个执行顺序查找功能的 Search()函数，然后在 main()函数中输入待查数字，调用 Search()函数执行查找功能并输出找到了的位置或者找不到时的提示信息。

```cpp
//程序 5-1_在数组中查找指定数字
#include <iostream>
using namespace std;
const int N = 15;
//定义数组 a[]并存放一批浮点数
double a[N] = {22,30,54.9,30,93,29.5,28,88,87.6,30,67.9,95,78.3,20,19};
//定义执行查找操作的 Search()函数
int Search(double xx)
{   //待查数 xx 与 a[0]~a[N-1]逐个比对
    int i = 0;
    while(a[i]!= xx && i < N)
        i++;
    //按找到(提前退出循环)与否(已达查找表尾)赋返回值
    if(i < N)
        return i;
    else
        return -1;
}
//主函数_调用函数 Search()查找指定数字
int main()
{   double x;               //变量_存放待查数字
    int k;                  //变量_存放查找结果(待查数字在数组中的位置)
    char again = 'n';       //变量_确定是否继续查找下一个数
    do                      //循环_输入待查数字、调用查找函数并输出查找结果
    {   cout <<"您要找的数(0.0~100.0)x = ?";
        cin >> x;
        k = Search(x);
        if(k == -1)
            cout <<"找不到"<< x <<"!"<< endl;
        else
            cout <<"您找的"<< x <<"是第"<< k + 1 <<"个数!"<< endl;
        cout <<"还想找下一个数吗('y'或'n')?";
        cin >> again;
    }while(again!= 'n');
    return 0;
}
```

3. 程序运行结果

本程序的一次运行结果如下：

您要找的数(0.0～100.0)x = ? 30
您要找的 30 是第 2 个数!
还想找下一个数吗('y'或'n')? y
您要找的数(0.0～100.0)x = ? 30
您要找的 30 是第 2 个数!
还想找下一个数吗('y'或'n')? y
您要找的数(0.0～100.0)x = ? 35.6
找不到 35.6!
还想找下一个数吗('y'或'n')? n

4. 程序的改进

上面的程序可以在两个方面改进。

(1) 算法存在的问题是:

- C++数组中每个元素的下标都比其实际序号小 1,故当查找成功时,所比对的元素的下标加 1 才是正确的结果。

- 在逐个比对的过程中,需要随时判断是否到达查找表末尾,判断的条件比较麻烦。

改进和方法是:

- 数组中第 1 个(即第 0 号)元素空置,从第 2 个(即第 1 号)元素起存放查找表。

- 将待查数字存入数组中第 0 号元素(放到查找表前面),从最后一个元素开始查找,如果找到的是第 0 号元素,则可判定为"找不到",否则输出找到 1 的元素序号即可。

(2) 参数传递方式存在的问题是:存放查找表的数组的定义放在两个函数的外面,因而它在两个函数中都有效,影响了函数之间的独立性。

改进的方法是:将数组的定义与初始化放在 main()函数中,并在调用 Search()函数时将该数组作为实参。这时候,查找函数 Search()的定义改为

int Search(double a[], int N, double xx)

调用 Search()函数执行查找任务的语句改为

k = Search(a,16,x);

可以看到,数组元素的个数也要作为实参传递给被调用的函数中的形参。

改进后的程序如下:

```cpp
//程序 5-1 改进_在数组中查找指定数字
# include < iostream >
using namespace std;
int Search(double a[], int N, double xx)
{    a[0] = xx;              //待查数字放在查找表前,作为"监视哨"
     int i = N;
     while(a[i]!= xx)        //从查找表尾部向头部逐个与待查数字比对
          i -- ;
```

```
        return i;           //循环之后的 i 值反映了查找是否成功,若成功则 i 值就是查找结果
}
int main()
{   double x,a[16] = {0,22,30,54.9,30,93,29.5,28,88,87.6,30,67.9,95,78.3,20,19};
    int k;
    char again = 'n';
    do
    {   cout <<"您要找的数(0.0~100.0)x = ?";
        cin >> x;
        k = Search(a,16,x);
        if(k == 0)
            cout <<"找不到"<< x <<"!"<< endl;
        else
            cout <<"您找的"<< x <<"是第"<< k <<"个数!"<< endl;
        cout <<"还想找下一个数吗('y'或'n')?";
        cin >> again;
    }while(again!= 'n');
    return 0;
}
```

5. 改进后程序的运行结果

本程序的一次运行结果如下：

```
您要找的数(0.0~100.0)x = ? 30
您要找的 30 是第 10 个数!
还想找下一个数吗('y'或'n')? y
您要找的数(0.0~100.0)x = ?35.6
找不到 35.6!
还想找下一个数吗('y'或'n')? n
```

实际上,这个程序还有改进的必要:查找表中有多个值为 30 的元素,但当采用从头部向尾部查找的算法时,只能找到最前面一个;反之,当采用从尾部向头部查找的算法时,只能找到最后面一个。可以考虑再改进 Search()函数,以便找到所有与待查数字等值的数组元素。

程序 5-2   二分查找

本程序所完成的任务是,用二分查找法在下列值序列中查找 80、43 和 77:

10 18 22 27 29 30 43 49 54 56 58 60 63 69 78 80 82 88

1. 算法分析

二分查找法是一种在有序的数据序列(假设排成了从小到大的正序)中查找指定数据的算法。这种算法的操作步骤大致如下:

（1）准备查找表（有序的数据序列）。

（2）指定待查数。

（3）循环（待查数等于查找表中间的数吗？）：

- 若待查数小于中间数，则将查找表前半部分作为新的查找表，转入下次循环。

- 若待查数等于中间数，则跳出循环。

- 若待查数大于中间数，则将查找表后半部分作为新的查找表，转入下次循环。

（4）判断（查找表中有与待查数相等的数吗？）：

- 若有，则输出该数在查找表中的位置（序号）。

- 若无，则输出"找不到"之类的提示信息。

（5）算法结束。

2．程序

本程序定义一个执行顺序查找功能的 Search()函数，然后在 main()函数中输入待查数字，调用 Search()函数执行查找功能并输出找到了的位置或者找不到时的提示信息。

```
//程序 5-2_二分查找
# include< iostream >
using namespace std;
//定义查找函数,形参分别表示：数组、数组长度、待查数
int Search( int a[ ], int n, int key)
{    int low,high,mid;              //变量_ 指向：序列首位、序列末位、序列中间位
     low = 0;                       //low 变量<- 序列首元素序号
     high = n - 1;                  //high 变量<- 序列末元素序号
     while(low <= high)
     {    mid = (low + high)/2;     //mid <- 计算中间元素序号
          if(key == a[mid])         //判断：待查数等于中间数?
               return mid + 1;      //等于,则返回中间数序号作为查找结果
          else
               if(key > a[mid])     //判断：待查数大于中间数?
                    low = mid + 1;  //大于,则中间数的后一个数成为新序列首元素
               else
                    high = mid - 1; //小于,则中间数的前一个数成为新序列末元素
     }
     return - 1;
}
//主函数,调用查找函数执行二分法查找
int main()
{    int a[ ] = {10,18,22,27,29,30,43,49,54,56,58,60,63,69,78,80,82,88};
     int k,x;
     char again = 'n';
     do
     {    cout <<"您要找的数?";
          cin >> x;
          k = Search(a,18,x);
          if(k > = 0)
```

```
                cout << x <<"是数组中第"<< k <<"几个数."<< endl;
            else
                cout << x <<"不在这个数组中!"<< endl;
            cout <<"您还想找另一个数吗('y'或者'n')?";
            cin >> again;
        }while(again!= 'n');
        return 1;
    }
```

3. 程序运行结果

本程序的一次运行结果如下：

您要找的数? 30
30 是数组中第几个数.
您还想找另一个数吗('y'或者'n')? y
您要找的数? 56
56 是数组中第几个数.
您还想找另一个数吗('y'或者'n')? y
您要找的数? 93
93 不在这个数组中!
您还想找另一个数吗('y'或者'n')? n

程序 5-3　筛法求素数

本程序的功能为：用"筛法"求 300 以内的素数。

素数指的是大于 1 的自然数中那些除 1 和自身之外再也不能被其他自然数整除的数。也就是说，素数是这样的整数：它除了能表示为自身和 1 的乘积以外，再也不能表示为任何其他两个整数的乘积。例如，

* 15＝3×5，所以 15 不是素数。
* 12＝2×6＝3×4＝2×2×3，所以 12 也不是素数。
* 13 只能等于 13×1 而不能再表示为其他任何两个整数的乘积，所以 13 是一个素数。

另外，素数是很少的。例如，50 以内的素数只有下面这些：

2　3　5　7　11　13　17　19　23　29　31　37　41　47

而且，随着数的范围的扩大，素数会越来越稀少。

1. 算法分析

"筛法"是古希腊数学家埃拉托色尼提出的一种检定素数的算法。"筛法"求素数的基本思想是，给出要筛除数值的范围 n，找出 $\sqrt{n}$ 以内的素数 $p_1, p_2, \cdots, p_k$。先用 2 去筛，即把 2 留下，把 2 的倍数剔除掉；再用下一个素数 3 去筛，把 3 留下，把 3 的倍数剔除掉；

接下去用下一个素数 5 去筛,把 5 留下,把 5 的倍数剔除掉;不断重复下去……例如,求出 25 以内的素数的过程如下:

(1) 列出 2 及 2 之后所有自然数。

    2 3 4 5 6 7 8 9 10 11 12 13 14 15 16
    17 18 19 20 21 22 23 24 25 26 27 28 29 30

(2)_第 1 遍　标记第 1 个素数 2。

    2 3 4 5 6 7 8 9 10 11 12 13 14 15 16
    17 18 19 20 21 22 23 24 25 26 27 28 29 30

(3)_第 1 遍　划掉素数 2 之后所有 2 的倍数。

    2 3 ④ 5 ⑥ 7 ⑧ 9 ⑩ 11 ⑫ 13 ⑭ 15 ⑯
    17 ⑱ 19 ⑳ 21 ㉒ 23 ㉔ 25 ㉖ 27 ㉘ 29 ㉚

(4)_第 1 遍　判断:序列中最大数小于刚才标记的素数的平方吗?
　　是(序列中剩下的所有数都是素数),则跳出循环,转到(5);
　　否(序列中仍有非素数),则返回(2),再次循环。
　　此时,从(2)到(4)循环了第 1 遍,因为序列中还有非素数(29 不小于 2 的平方),故返回(2),继续标记下一个素数,并划掉它的所有倍数:

(2)_第 2 遍　标记第 2 个素数 3。

    2 3 ④ 5 ⑤ 7 ⑧ 9 ⑩ 11 ⑫ 13 ⑭ 15 ⑯
    17 ⑱ 19 ⑳ 21 ㉒ 23 ㉔ 25 ㉖ 27 ㉘ 29 ㉚

(3)_第 2 遍　划掉素数 3 之后所有 3 的倍数。

    2 3 ④ 5 ⑥ 7 ⑧ 9 ⑩ 11 ⑫ 13 ⑭ 15 ⑯
    17 ⑱ 19 ⑳ 21 ㉒ 23 ㉔ 25 ㉖ 27 ㉘ 29 ㉚

(4)_第 2 遍　判断:序列中最大数小于最后标出的素数的平方吗?
　　是(序列中剩下的所有数都是素数),则跳出循环,转到(5);
　　否(序列中仍有非素数),则返回(2),再次循环。
　　此时,从(2)到(4)循环了第 2 遍,因为序列中还有非素数(29 不小于素数 3 的平方),故返回(2),继续标记下一个素数,并划掉它的所有倍数:

（2）＿第 3 遍　标记第 3 个素数 5。

2　3　④　5　⑥　7　⑧　9　⑩　11　⑫　13　⑭　15　⑯
17　⑱　19　⑳　21　㉒　23　㉔　25　㉖　27　㉘　29　㉚

（3）＿第 3 遍　划掉素数 5 之后所有 5 的倍数。

2　3　④　5　⑥　7　⑧　9　⑩　11　⑫　13　⑭　15　⑯
17　⑱　19　⑳　21　㉒　23　㉔　◇25◇　㉖　27　㉘　29　㉚

（4）＿第 3 遍　判断：序列中最大数小于最后标出的素数的平方吗？

是（序列中剩下的所有数都是素数），则跳出循环，转到（6）；

否（序列中仍有非素数），则返回（2），再次循环。

此时，从（2）到（4）循环了第 3 遍，因为序列中还有非素数（29 不小于素数 5 的平方），故返回（2），继续标记下一个素数，并划掉它的所有倍数：

（2）＿第 4 遍　标记第 4 个素数 7。

2　3　④　5　⑥　7　⑧　9　⑩　11　⑫　13　⑭　15　⑯
17　⑱　19　⑳　21　㉒　23　㉔　25　㉖　27　㉘　29　㉚

（3）＿第 4 遍　划掉素数 7 之后所有 7 的倍数。

2　3　④　5　⑥　7　⑧　9　⑩　11　⑫　13　⑭　15　⑯
17　⑱　19　⑳　21　㉒　23　㉔　◇25◇　㉖　27　㉘　29　㉚

（4）＿第 4 遍　判断：序列中最大数小于最后标出的素数的平方吗？

是（序列中剩下的所有数都是素数），则跳出循环，转到（5）；

否（序列中仍有非素数），则返回（2），再次循环。

此时，从（2）到（4）循环了第 4 遍，因为序列中已无非素数（29 小于素数 7 的平方），故跳出循环，转到（5）；

（5）输出序列（只包含素数）。

2. 程序

使用筛法求 300 以内素数的程序如下：

```
//程序 5-3_筛法求素数
# include < iostream >
# include < iomanip >
```

```
using namespace std;
const int N = 300;
int main()
{    int a[N + 1], i, j;
     //定义并初始化数组 a[N]
     for(i = 1; i <= N; i++)
         a[i] = i;
     //筛掉数组 a[N]中所有非素数
     for(i = 2; i * i < N; i++)               //逐个(从到 N 的开平方)标记素数:
         for(j = i + 1; j <= N; j++)          //逐个(从上个素数后到数组末元素)筛掉素数的倍数
             if(a[i]!= 0 && a[j]!= 0)         //判断:当前素数与其后当前元素
                 if(a[j] % a[i] == 0)         //是倍数关系时
                     a[j] = 0;                //当前元素赋值
     //输出数组(所有非素数元素均为值)
     int n = 0;                               //变量 n_ 统计素数个数
     for(i = 2; i <= N; i++)
     {    if(a[i]!= 0)                        //数组元素非值时
          {    n++;                           //素数个数加 1
               if(n % 10 == 0)               //判断:本行中是否已有 10 个数
                   cout << endl;             //是则换一行
               cout << setw(5) << a[i];       //按列的宽度输出数组元素(素数)
          }
     }
     cout << endl;
     return
}
```

3. 程序的运行结果

本程序的运行结果如下:

2	3	5	7	11	13	17	19	23	
29	31	37	41	43	47	53	59	61	67
71	73	79	83	89	97	101	103	107	109
113	127	131	137	139	149	151	157	163	167
173	179	181	191	193	197	199	211	223	227
229	233	239	241	251	257	263	269	271	277
281	283	293							

程序 5-4　约瑟夫斯问题

约瑟夫斯(Josephus,约公元 37—100 年)是著名的古犹太历史学家和军人,他在反对罗马的犹太起义中指挥军队迎击前来镇压的罗马军队。经过 40 多天的殊死搏斗后，终因寡不敌众而与 40 个犹太人一起被敌人围困。他们决定宁死不降，于是围成一圈准备自杀（编号从 1 到 41），由第 1 个人开始报数，每报数到第 3 人时该人就必须自杀，然后再由下一个重新报数，直到所有人都自杀身亡为止。就这样，直到圈内只剩下一个人时，因为无人监督，这个人就可以选择投降。

本程序需要解决的问题是，有 N 个人围成一圈，按顺序排号。从第 1 个人起，从 1 到 x 报数，凡报到 x 的人退出圈子，计算最后留下来的人原来是第几号。

1. 算法分析

本程序按顺序执行以下操作：

(1) 定义表示 N 个参与者的数组，其中每个元素存放从 $1\sim N$ 的自然数。由于数组的限制，程序中必须预先假设有多少个人参与报数。

(2) 输入 x（每次报数都是从 1 数到 x）。

(3) 反复执行以下操作：

- 数组中所有元素逐个从 1 数到 x，输出 x 对应的元素（相当于数到 x 的人离队）。
- 数组中剩余元素再从 1 数到 x，输出 x 对应的元素（相当于数到 x 的又一人离队）。……。
- 如此循环，直到数组中只剩下一个元素为止。

这一段程序中，用一个加 1 取模的方法

p = (p + 1) % num

回到首位置，形成环链。

(4) 输出数组中最后一个元素在数组中原来的序号。

2. 程序源代码

```
//程序 5 - 4_Josephus 问题
# include < iostream >
# include < iomanip >
using namespace std;
const int N = 20;
int main()
{    int x;
     int a[N];
     for(int i = 0;i < N;i++)
         a[i] = i + 1;
     cout <<"每次报数到 x = ? ";
     cin >> x;
     cout <<"所有参与者的编号: "<< endl;
     for(int i = 0;i < N;i++)
         cout << setw(3)<< a[i];
     cout << endl;
     int k = 1,p = - 1;
     cout <<"陆续出局者的编号: "<< endl;
```

```
    while(1)
    {    for(int j = 0;j < N;)
        {    p = (p + 1) % N;
            if(a[p]!= 0)
                j++;
        }
        if(k == N)
            break;
        cout << setw(3)<< a[p];
        a[p] = 0;
        k++;
    }
    cout <<"\n 最后留下来的是第"<< a[p]<<"号\n";
}
```

3. 程序运行结果

本程序的一次运行结果如下：

```
每次报数到 x = ? 3
所有参与者的编号：
 1 2 3 4 5 6 7 8 9 10 11 12 13 14 15 16 17 18 19 20
陆续出局者的编号：
20 1 3 6 10 15 4 13 7 19 18 5 12 9 14 11 8 17 16
最后留下来的是第 2 号
```

程序 5-5 快速排序

本程序的任务是，对一批整数进行快速排序，然后输出这些整数。

1. 算法分析

快速排序（Quicksort）的基本思想是，通过一趟排序将待排序数据序列分成两个独立的序列，其中前一个序列中所有数据都比后一个序列中的小。然后再对这两个子序列分别进行快速排序，直到整个序列有序为止。

假设数组 A(A[0]…A[N−1])中存放着待排序的数据序列，则可按以下方法对 A 数组进行快速排序：

首先任意选取 一个数据（通常选用数组中第 1 个数）作为"基准"，然后将所有比它小的数都放到它前面，所有比它大的数都放到它后面，这个过程称为一趟快速排序。

注：快速排序不是一种稳定的排序算法，也就是说，如果待排序序列中有几个相同的值，则它们在序列中的相对位置可能会在排序之后发生变化。

一趟快速排序的算法是：

(1) 设两个变量 i、j，排序开始 i=0，j=N−1。

(2) 以第 1 个数组元素作为"基准"，赋值给 key，即 key=A[0]。

（3）从 j 开始向前（在序列中从后往前）搜索，找到第 1 个小于 key 的 A[j]值时，将 A[j]赋予 A[i]。

（4）从 i 开始向后（在序列中从前往后）搜索，找到第 1 个大于 key 的 A[i]值时，将 A[i]赋予 A[j]。

（5）重复第（3）步、第（4）步，直到 i==j；

- 在第 3 步中，如果没有找到符合条件的值（A[j]不小于 key），则 j 变量减 1，然后继续查找，直到找到为止。
- 在第 4 步中，如果没有找到符合条件的值（A[i]不大于 key），则 i 变量加 1，然后继续查找，直到找到为止。
- 在找到了符合条件的值且进行交换的时候，i 和 j 指针的位置不变。
- i==j 这一过程一定正好是 i+1 或 j-1 完成的时候，此时令循环结束。

2. 程序

```cpp
//程序 5-5_快速排序
#include <iostream>
using namespace std;
const int N = 20;
//主函数中要调用的几个函数的声明
void Show(int A[], int n);
void quickSort(int A[], int i, int j);
int partition(int A[], int i, int j);
//主函数_定义数组、调用函数排序、调用函数输出
int main()
{   int A[N] = {33, -10,50,39,69,37,19,56, -8,67,69,90,6,10,15,29,93,23,54,20};
    cout <<"排序前: "; Show(A,N); //排序前输出 A 数组
    quickSort(A,0,N-1); //排序
    cout <<"排序后: "; Show(A,N); //排序后输出 A 数组
    return 0;
}
//输出数组的函数
void Show(int A[], int n)
{   for(int i = 0;i<n;i++)
        cout << A[i]<<" ";
    cout << endl;
}
//快速排序函数
void quickSort(int A[], int i, int j)
{   //i 和 j,排序的起点(下标)和终点
    if(i<j)
    {   //调用 partition()一趟快速排序,返回一趟后数组 A 中分割点
        int k = partition(A,i,j);
        //递归调用自身,继续快速排序前一部分
        quickSort(A,i,k-1);
        //递归调用自身,继续快速排序后一部分
        quickSort(A,k+1,j);
```

```
        }
    }
//一趟快速排序函数,从分割点处划分数组 A:前一部分小,后一部分大
int partition(int A[],int i,int j)
{    //i 和 j,本趟所划分序列的起点(下标)和终点
    int key = A[i]; //存储关键字(划分的依据)
     while(i < j)
    {    //从后向前搜寻比 key 小的值,找到后放入 A(i)
        while(i < j && A[j]> = key)
            j = j - 1;
        A[i] = A[j];
        //从前向后搜寻比 key 大的值,找到后放入 A(j)
        while(i < j && A[i]< = key)
            i = i + 1;
        A[j] = A[i];
    }
    //循环结束时,i = j,放入 key 值,并返回 i
    A[i] = key;
    return i;
}
```

3. 程序运行结果

本程序的运行结果如下:

```
排序前: 33 − 10 50 39 69 37 19 56 − 8 67 69 90 6 10 15 29 93 23 54 20
排序后: − 10 − 8 6 10 15 19 20 23 29 33 37 39 50 54 56 67 69 69 90 93
```

程序 5-6　计算并输出学生成绩表

本程序的功能为,输入一个班级中若干名学生几门课程的成绩,计算每个学生的平均成绩并按从大到小的顺序输出学生成绩表。

1. 算法分析

本程序中的代码依次执行以下操作:

(1) 定义结构体类型 Student,其中 5 个成员分别用于存放学生的学号、姓名以及 3 门课程的成绩。

(2) 定义 Student 型的 s 变量,准备存放一个班级的学生的数据。

(3) 循环输入所有学生的数据:

- 逐个输入每个学生的学号、姓名以及 3 门课程的成绩。
- 每当输入了一名学生的数据之后,累计学生人数。
- 输入完了所有学生的数据之后,输入"0"再按回车键结束输入操作。

(4) 将学生成绩表排成从小到大的顺序。这里采用插入排序法,其算法如下:

① 取出原序列中第一个元素，作为有序序列。

② 循环（在有序序列中按从后往前的顺序寻找原序列中下一个元素的插入位置）：如果有序序列中当前元素大于原序列中下一个元素，则当前元素在有序序列中下移一个位置。

③（找到了插入位置后）将原序列中的元素插入有序序列。

（5）循环输出所有学生的学号、姓名以及 3 门课程的成绩。

2. 程序

```cpp
//程序 5-6_统计学生成绩
#include <iostream>
#include <cstring>
using namespace std;
const int COUNT = 100;
//结构体 Student_ 学生的学号、姓名、成绩
struct Student
{   char number[10];                        //学号
    char name[20];                          //姓名
    float score[3];                         //3 门课成绩
    float average;                          //平均成绩
};
//主函数_ 输入、计算、输出学生成绩表
int main()
{   struct Student s[COUNT];
    int N, i, j;
    //输入所有学生的成绩
    N = 0;                                  //变量_实际学生数
    cout << "学号(输入退出)?姓名?高等数学?英语?程序设计?" << endl;
    //循环,逐个输入学生成绩,遇结束标志(Esc)或数组超界退出
    do
    {   //输入一个学生的成绩
        cin >> s[N].number;
        //如果用户输入了"0",则结束学生数据的输入
        if(strcmp(s[N].number,"0") == 0)
            break;
        cin >> s[N].name >> s[N].score[0] >> s[N].score[1] >> s[N].score[2];
        //计算该生平均成绩
        s[N].average = 0.0;
        for(i = 0;i < 3;i++)
            s[N].average = s[N].average + s[N].score[i];
        s[N].average = s[N].average/3.0;
        //学生数累加
        N = N + 1;
    }while(N < COUNT);                       //数组超界(学生数大于 COUNT)则退出
    //学生成绩表排序(插入排序)
    for(i = 1;i < N;i++)
    {   Student tmp = s[i];                  //取出待插入的元素
```

```
        for(j = i - 1;j > = 0;j - - )            //与前面的元素比较
            if(tmp.average > s[j].average)      //平均成绩大于前面元素
                s[j + 1] = s[j];                //后移前面元素
            else                                //否则,找到了插入位置
                break;                          //跳出循环,不再比较
        s[j + 1] = tmp;                         //待插入元素放在前面位置之后

    }
    //逐个输出学生(结构体数组元素)成绩表
    for(i = 0;i < N;i++)
    {   cout <<"成绩表: "<< endl;
        cout <<"学号"<<"\t"<<"姓名"<<"\t";
        cout <<"高数"<<"\t"<<"英语"<<"\t"<<"程序"<<"\t"<<"平均"<< endl;
        cout << s[i].number <<"\t"<< s[i].name <<"\t"<< s[i].score[0]<<"\t";
        cout << s[i].score[1]<<"\t"<< s[i].score[2]<<"\t"<< s[i].average;
        cout << endl;                           //每输出一个元素,换行
    }
    return 0;
}
```

3. 程序运行结果

本程序的一次运行结果如下:

```
学号(输入 0 退出)?姓名?高等数学?英语?程序设计?
1001 张璇 90 83 86
1002 王芳 91 90 80
1003 李琳 78 79 90
1004 陈玉 67 81 91
1005 周乾 76 83 88
0
成绩表:
```

学号	姓名	高数	英语	程序	平均
1002	王芳	91	90	80	87
1001	张璇	90	83	86	86.3333
1003	李琳	78	79	90	82.3333
1005	周乾	76	83	88	82.3333
1004	陈玉	67	81	91	79.6667

程序 5-7 枚举型变量的使用

本程序需要解决的问题是,口袋中有红、黄、蓝、白、黑共 5 种颜色的小球若干个,如果每次都从口袋中取出 3 个不同颜色的小球,共有多少种组合?

本程序将使用枚举类型来表示小球的颜色,并输出每种组合的 3 种颜色。

1. 枚举类型的概念

编程序时,有些变量只能在较小范围内取值,如果将它们定义为整型,则难以体现其含义及取值范围。为此,可以使用 C++ 的枚举数据类型,逐个列举变量的值并限定该变量只能取列举出来的值。枚举类型定义的一般形式为

```
enum <枚举类型名>
{
    <枚举符号表>
}
```

其中"枚举符号"是 C++ 标识符,每个枚举符号实际上代表一个整数值,第 1 个值为 0,第 2 个值为 1,依此类推。也可以对各枚举符号进行初始化。改变其对应的整数值。

例如,定义一个表示颜色的枚举类型 Color:

```
enum Color{Red, Green, Blue};
```

可以用已经定义的枚举类型来定义枚举型变量。例如,用 Color 类型来定义枚举型变量 coloryao 和 colorwang:

```
Color coloryao, colorwang;
```

变量 coloryao 和 colorwang 只能取枚举类型 Color 中列出的符号值。例如,

```
coloryao = Green;
```

因为在枚举类型 Color 中值 Green 等于 1,故当打印变量 coloryao 的值时,只能使用整型输出格式符,打印出的值为 1。

在声明类型时,也可以对各枚举符号进行初始化,改变其对应的整数值。例如,如果枚举类型 weekday 的声明如下:

```
enum weekday
{    MONDAY = 1,                          // 星期一
     TUESDAY,                             // 星期二
     WEDNESDAY,                           // 星期三
     THURSDAY,                            // 星期四
     FRIDAY,                              // 星期五
     SATURDAY,                            // 星期六
     SUNDAY                               // 星期日
};
```

则从 MONDAY 到 SUNDAY 所对应的值分别为 1、2、…、7。

2. 算法分析

(1) 可选取的球只有 5 种颜色,而且每个球都是其中某种颜色,故可使用枚举类型来表示小球的颜色。本程序中,设枚举元素为:

red, yellow, blue, white, black

枚举类型定义为:

enum color{ red, yellow, blue, white, black };

(2) 使用穷举法,列举 5 种颜色小球中每次取 3 种颜色的所有可能的组合。本程序中,设 i、j、k 分别表示取出的 3 种颜色的小球,且各自的取值范围为:

i:从 red 到 blue

j:从 i+1 到 white

k:从 j+1 到 black

3. 程序

```cpp
//程序 5-7_5 色球每次取 3 色的组合
#include <iostream>
#include <iomanip>
using namespace std;
//定义表示颜色的枚举类型 Color
enum color{red,yellow,blue,white,black};
int main()
{   int count = 0,temp;
    cout <<"5 色球每次取 3 色的组合: "<< endl;
    for(int i = red;i <= blue;i++)
        //i 循环:每一遍前 3 色中取其 1
        for(int j = i + 1;j <= white;j++)
            //j 循环:每一趟中间 3 色中取其 1
            for(int k = j + 1;k <= black;k++)
            {   //k 循环:每一趟后 3 色中取其 1
                count++;
                for(int t = 0;t < 3;t++)
                {   switch(t)
                    {   case 0:temp = i;
                            break;
                        case 1:temp = j;
                            break;
                        case 2:temp = k;
                            break;
                        default:
                            cout <<"不可能"<< endl;
                    }
                    switch((enum color)temp)
                    {   //枚举值不能直接输出,字符串代之
                        case red:cout <<"red"<<"\t";
                            break;
                        case yellow:cout <<"yellow"<<"\t";
                            break;
                        case blue:cout <<"blue"<<"\t";
```

```
                    break;
            case white:cout <<"white"<<"\t";
                    break;
            case black:cout <<"black"<<"\t";
                    break;
            default:
                    cout <<"不可能"<< endl;
        }
    }
    cout << endl;
  }
  cout <<"共有"<< count <<"种组合."<< endl;
  cout << endl;
}
```

4. 程序运行结果

本程序的运行结果如下：

5 色球每次取 3 色的组合：

rcd	yellow	blue
red	yellow	white
red	yellow	black
red	blue	white
red	blue	black
red	white	black
yellow	blue	white
yellow	blue	black
yellow	white	black
blue	white	black

共有 10 种组合.

5.3　实验指导

本章安排三个实验：一维数组与二维数组的使用；字符数组与字符串的使用；结构体及结构体数组的使用。

通过本章实验,可以掌握数组、字符串和结构体这几种常用构造类型的使用方法,加深对于数据类型概念的理解,同时进一步体验程序设计的一般方法。

实验 5-1　数组的使用

本实验中,需要编写并运行 3 个程序：输入一维数组中所有元素并逆序输出；输入二维数组中所有元素并按指定的格式输出;将二维数组中所有元素转存到一维数组中。

1. 一维数组元素逆序输出

【程序的功能】

输入 10 个整数并依次放入一维数组中,然后将数组中的数逆序输出。

【算法分析】

(1) 逐个输入 10 个数,放入一维数组中。

(2) 按颠倒的次序(逆序)输出数据,即按下标从大到小的顺序来遍历并输出每个数组元素(数组中每个元素的内容都不能变)。

(3) 算法结束。

【程序设计步骤】

(1) 补全以下程序:

```
//实验 5-1-1_ 逆序输出数组
# include < iostream >
using namespace std;
int main()
{    float a[10];
     cout <<"Input ten integers:";
     for (        ①        )
         cin >>        ②        ;
     for (        ③        )
                  ④        ;
     cout << endl;
}
```

(2) 依据给定的步骤,创建一个控制台工程,编写并运行程序。

(3) 将本程序中实现算法的主要语句改写成一个函数,在主函数中调用它,完成同样的功能。再次运行该程序。

2. 二维数组输入输出

【程序的功能】

输入 4 行 5 列二维数组中所有元素,再按 4 行 5 列形式输出所有元素。

【算法分析】

(1) 输入 20 个数,放入 4 行 5 列的二维数组中。

(2) 按 4 行 5 列形式输出二维数组中所有元素(每输出一行元素后,换行)。

(3) 算法结束。

【程序设计步骤】

(1) 补全以下程序:

```
//实验 5-1-2_ 二维数组输入输出
# include < iostream >
```

```
#include<iomanip>
using namespace std;
int main()
{   int a[4][5],i,j;
    cout <<"20 个整数? ";
    for (i = 0;i < 4;i++)
        for (j = 0;j < 5;j++)
                    ①
    for (i = 0;i < 4;i++)
        { for (j = 0;j < 5;j++)
            cout << setw(4)    ②    ;
            cout <<     ③    ;
        }
    return 0;
}
```

（2）依据给定的步骤，创建一个控制台工程，编写并运行程序。

（3）将本程序中实现算法的主要语句改写成一个函数，在主函数中调用它，完成同样的功能。再次运行该程序。

3. 将二维数组存入一维数组

【程序的功能】

将 3 行 4 列的二维数组中每个元素逐行逐个存入一维数组中，使得

- 二维数组第 0 行第 0 列上元素 a[0][0]成为一维数组的第 1 个元素 b[0]
- 二维数组第 0 行第 1 列上元素 a[0][1]成为一维数组的第 2 个元素 b[1]
- 二维数组第 0 行第 2 列上元素 a[0][2]成为一维数组的第 3 个元素 b[2]
  … …
- 二维数组第 1 行第 0 列上元素 a[1][0]成为一维数组的第 5 个元素 b[4]
- 二维数组第 1 行第 1 列上元素 a[1][1]成为一维数组的第 6 个元素 b[5]
  … …
- 二维数组第 2 行第 3 列上元素 a[2][3]成为一维数组的第 12 个元素 b[11]

【算法分析】

（1）输入 3 行 4 列的二维数组中的数据。

（2）按 3 行 4 列形式输出二维数组中所有元素。

（3）逐行、逐列地将二维数组中每个元素存入一维数组。

（4）输出一维数组中所有元素。

（5）算法结束。

【程序设计步骤】

（1）补全以下程序：

```
//实验 5-1-2_将二维数组保存到一维数组中
#include<iostream>
using namespace std;
```

```
int main()
{    int a[3][4],i,j;
     int b[12],k = 0;
     //输入二维数组中所有元素
            ①
     //按 3 行 4 列形式输出二维数组中所有元素
            ②
     //二维数组中元素逐行逐列存入一维数组
     for (i = 0;i < 3;i++)
     {    for(j = 0;j < 4;j++)
          {    cout << a[i][j]<<" ";
                    ③          ;
          }
          cout << endl;
     }
     for(i = 0;i < 12;i++)
               ③          <<" ";
     return 0;
}
```

（2）依据给定的步骤，创建一个控制台工程，编写并运行程序。

实验 5-2　字符串的使用

本实验中，需要编写并运行两个程序：将若干个字符串排序并输出；查找一个字符串中是否包含另一个字符串。

1. 字符串排序

【程序的功能】
使用冒泡排序法将若干个字符串排成正序，然后输出排序后的结果。

【提示】
使用函数 strcmp 进行字符串比较，使用函数 strcpy 交换字符串。

【算法分析】
（1）定义字符型的二维数组 string，存放 10 个字符串，每个字符串长度不超过 20。
（2）使用冒泡排序法，将 10 个字符串排成从小到大的顺序：
- 第 1 遍：从最后一个串开始，一直到第 1 个串，相邻两串逐对比较，逆序则交换，所有串都比较过后，第 1 个串就成为最小串。
- 第 2 遍：从最后一个串开始，一直到第 2 个串，相邻两串逐对比较，逆序则交换，所有串都比较过后，第 2 个串就成为次小串。
  …　…
- 第 9 遍：有一对数比较，按规则交换后，全部数组元素排成从小到大的序列。
（3）输出排好序的数组。

（4）算法结束。

【程序设计步骤】

（1）补全以下程序：

```cpp
//实验5-2-1_ 将二维数组保存到一维数组中
# include "iostream"
# include "string"
using namespace std;
int main()
{ char string[][20] = {"ZhangYP","WangJI","WenLY","ChenWH","ZhengYL",
                       "MangHL","suenLR","LiH","LinM","FangMY"};
  char str[9];
  int i,j;
  for(_____①_____)
      for(_____②_____)
          if(_____③_____ > 0)
          {                                    //交换两个字符串
              _____④_____
          }
  for(i = 0;i < 10;i++)
    cout << _____⑤_____ ;
}
```

（2）依据给定的步骤，创建一个控制台工程，编写并运行程序。

2. 查找子串

【程序的功能】

输入两个字符串：判断一个字符串（源串）中是否包含另一个字符串（目标串）。如果包含，则输出子串在源串中的位置（起始下标），否则输出"未找到子串"。例如，当用户输入了两个字符串

abbcccddddeeeeefffffffhhhhhhh hh

之后，程序输出：21。

【算法分析】

① 输入原串 text，长度为 m。

输入目标串 sub，长度为 n。

② 设 k 和 j 分别表示 text 中当前字符的序号，

初值 k=0，j=0。

③ 判断 text 中与 sub 中当前字符是否匹配：text 中 k 号字符≠sub 中 j 号字符？

是则 k+1（准备比较 text 中下一个字符）。

判断 text 串是否未到末尾：k<m？

是则转向(3)。

否则转向(5)。

④ j＋1(准备比较两串中下一个字符)

　　判断 sub 串是否未到末尾：j＜n?

　　是则转向(3)。

　　否则转向(5)。

⑤ 判断是否找到了目标串：k＜m? 且 j＜n?

　　是则输出 k(子串起始位置)

　　否则输出"非子串!"，

⑥ 算法结束。

【程序设计步骤】

(1) 补全以下程序：

```cpp
//实验 5-2-1_ 查找子串
#include<iostream>
using namespace std;

int main()
{   char text[30],sub[30];
    int k,j,i;
    cout <<"(判断 sub 是否 text 的子串)text?sub?"<< endl;
    for(;;)
    {   cin >> text;
        cin >> sub;
        k = 0;
        j = 0;
        while(text[k]!= 0 && sub[j]!= 0)
            if(text[k]!= sub[j])
                ___①___ ;
            else
            {   i = k;
                while(text[i] == sub[j] && text[i]!= 0 && sub[j]!= 0)
                {   ___②___ ;
                    ___③___ ;
                }
                if(sub[j] == 0)
                    cout << k << endl;
                else
                {   ___④___ ;
                    ___⑤___ ;
                }
            }
        if(text[k] == 0 && sub[j]!= 0)
            cout << sub <<"不是"<< text <<"的子串!"<< endl;
    }
```

```
        return 0;
    }
```

（2）依据给定的步骤，创建一个控制台工程，编写并运行程序。

3. 统计待查字符串个数

【程序的功能】

在二维数组中输入 10 个字符串，再输入一个待查的字符串，然后查找并统计数组中所包含的待查字符串的个数。

【算法分析】

（1）定义长度为 10 的一维数组 a，存放 10 个字符串，每个字符串长度不超过 20。

（2）设 k 为一维数组 a 中的元素序号，初始时 k＝0。

n 为数组 a 中包含的待查字符串个数，初始时 n＝0。

（3）判断（使用 strcmp 函数）：待查字符串＝a[k]（当前字符串）

是则 n＋1；

（4）k＋1；

（5）判断：k＜10？

是则转向（3）。

（6）输出 n。

（7）算法结束。

【程序设计步骤】

补全以下程序：

```
//实验 5－2－3_ 统计待查字符串个数
# include "iostream"
# include "string"
using namespace std;
int main()
{
        ①      )
    Return 0;
}
```

依据给定的步骤，创建一个控制台工程，编写并运行程序。

实验 5-3 结构体及结构体数组的使用

本实验中要编写两个程序：在一批学生成绩记录（结构体）中查找有不及格成绩的记录并显示相应的学号、姓名及不及格课程的名称和分数；将包含学号和成绩的成绩表排成升序并按学号进行二分法查找。

1. 查找不及格成绩

【程序的功能】

在学生成绩表中,找出不及格的成绩,然后显示相应学生的学号、姓名以及不及格课程的名称和分数。

【算法分析】

(1)定义结构体数据类型 student,其成员为学号、姓名和保存 5 门课成绩的数组。

(2)定义有 10 个元素的 student 类型数组,存放 10 个学生的学号,姓名和各门课成绩,再定义一个字符串数组用来保存 5 门课程的名称。

(3)显示成绩表:每行为一个学生的学号、姓名及 5 门课程的成绩。

(4)逐行判断每个同学的成绩,当有不及格课程(门数大于 0)时,显示该生的学号,姓名和不及格课程的名称、分数和门数。

(5)算法结束。

【程序设计步骤】

(1)补全以下程序

```
//实验 5-3-1_ 查找不及格成绩
# include "iostream"
using namespace std;
struct student
{    char sno[9];
     char sname[20];
         ①      ;
};
int main()
{   student stu[10] = { { "15020206","张京",80,87,69,78,91},
                       { "08091102","王莹",93,81,79,80,90},
                       { "08091103","李玉",54,69,76,79,60},
                       { "08091104","刘蓝",87,88,97,99,78},
                       { "08091105","陈强",69,56,80,34,32},
                       { "08091106","赵圆",77,87,99,65,76},
                       { "08091107","周正",91,67,67,87,65},
                       { "08091108","杨宸",87,45,77,56,79},
                       { "08091109","朱红",89,69,89,100,73},
                       { "08091110","林奇",79,76,97,96,99} };
    char course[5][20] = {"数学","物理","语文","语文","英语"};
    int i,j,cnt;
    cout <<"成绩表: "<< endl;
    cout <<"  学号\t 姓名\t 数学\t 物理\t 化学\t 英语\t 计算机"<< endl;
    cout <<" ============================================ "<< endl;
    for(i = 0;i < 10;i++)
```

```
    {   cout << stu[i].sno <<'\t'<< stu[i].sname <<'\t';
        for(j = 0;j < 5;j++)
            cout ____②____ '\t';
        cout << endl;
    }
    cout <<" =============================================== "<< endl;
    cout <<"不及格情况： "<< endl;
    // 处理不及格分数
    for(i = 0;i < 10;i++)
    {   ____③____ ;
        for(j = 0;j < 5;j++)
            if(stu[i].score[j]<60)
                ____④____ ;
        if(cnt > 0)
        {   cout <<"姓名： "<< stu[i].sname <<" 学号： "<< stu[i].sno
                <<" 不及格门数： "<< cnt << endl;
            cout <<" =============================================== "<< endl;
            for(j = 0;j < 5;j++)
                if( ____⑤____ )
                    cout ____⑥____ endl;
            cout <<" =============================================== "<< endl;
        }
    }
    return 0;
}
```

（2）依据给定的步骤，创建一个控制台工程，编写并运行程序。

2. 统计学生 3 门课成绩

【程序的功能】

创建包含 20 个表行的学生成绩表，其中每个表行都包含学号和成绩两个域；按成绩进行快速排序并输出排好序的成绩表；按学号进行二分法查找并输出找到的结果。

【提示】 参照例 5-2、例 5-5、例 5-6 和实验 5-3-1。

## 第 6 章

指针与链表

指针变量可用于存放其他变量(或者数组、字符串、函数与对象等)的存储地址。指针的应用使得 C++ 程序具备了通过地址直接操纵数据或者在运行时获取变量地址的能力,因而可以更为方便地操纵数组、字符串、函数和对象,并且实现内存的动态分配。

链表是借助指针来构造的动态存储结构,可用于实现线性表(称为线性链表)以及其他种类的数据结构。

6.1 基本知识

一般来说,程序中设置指针变量的目的是为了指示其他变量。将程序中的变量、数组、字符串、函数以及依据某个类所创建的"对象"等所占用的存储空间的首地址存放到指针变量中,就可以通过地址来操作它们。显然,这有别于直接使用变量名(或者数组名、字符串名、函数名与对象名等)来访问变量的间接访问方式。

指针还可用于构造链表。链表中每个数据元素都由数据和指针共同构成并且通过指针将所有数据元素联结成一个整体,以便充分地利用存储器、方便地进行插入、删除等各种操作,从而实现各种不同的数据结构。

6.1.1 指针变量

大多数情况下,存放在内存储器中的变量(或者数组、字符串、函数以及程序本身等)要占用一批连续的存储单元。其中第 1 个单元的地址(编号)就作为该变量本身的地址。一般来说,C++程序中的变量(或者数组、字符串、函数以及程序本身等)是通过名字来使用的,而变量和函数的名字与其存储地址之间的变换是由编译程序自动完成的,这样做对用户比较直观。C++也允许直接通过地址来处理数据,这就需要使用指针变量。

1. 地址的引用

一个指针就是一个变量的地址,它是一种整数形式的常量。C++语言规定：

- 变量的地址(所占用存储空间中第 1 个单元的地址)可以使用地址运算符"&"求得。例如,&x 表示变量 x 的地址。
- 数组的地址(第 1 个数组元素的存储空间的首地址)可以直接用数组名表示。
- 函数的地址(所占用存储空间中第 1 个单元的地址)用函数名表示。

考虑到地址是内存单元的编号,可以看作无符号整数(实际情况比较复杂),故可用一个无符号整型变量将地址存放起来。这种用来存放地址的变量就叫作指针型变量。

2. 指针变量的定义

专门用来存放地址的变量叫做指针变量,其值可以是变量、数组、字符串或者函数等的地址。C++规定指针变量必须先定义后引用,定义指针变量的一般形式为

<类型名> * <指针变量名>

其中,"*"为指针运算符,用于返回指针变量所指向的变量的值。运算符"*"和"&"都是单目运算符,两者互为逆运算。例如,语句

```
int a = 10;
int * p = &a
```

先定义了整型变量 a,然后定义了指针变量 p 并将 a 的地址赋予 p。

由于通过指针可以对一个其他类型的变量进行操作,所以有时也把"变量 a 的地址存放在指针 p 中"简称为"p 指针指向变量 a"。

注:程序中变量的实际存储位置要到程序运行时才能确定。这样,同一个变量在程序的各次运行期间可能会分配到不同的存储地址。因此,通常只需要知道变量确有一个地址而不必关心地址值是多少。

3. 指针变量的运算

指针变量可用于算术运算和关系运算。一般来说,程序中设置指针变量的目的是为了指示其他变量,所以这些运算是各种不同种类的变量的另类操作方式。

（1）指针变量的算术运算

主要包括指针变量的自加、自减以及加 n 和减 n 操作。计算规则是

<指针变量> = <指针变量> + / – sizeof(<指针变量类型>) * n

例如,假设整型变量 x 和指针变量 px 的定义为

```
int x = 10;
int * px = &x;
```

则以下两个语句

```
px++;
px + 5;
```

依次等价于以下两个语句

```
px = px + sizeof(int);
px = px + 5 * sizeof(int);
```

（2）指针变量的关系运算

指针变量的关系运算是对指针变量值的大小比较,包括大于（＞）、小于（＜）、等于（＝＝）和不等于（!＝）,它们都可对两个指针变量存储的地址进行比较,如果两个相同类型的指针变量相等,则表示它们指向同一个地址。

6.1.2 动态存储分配

在程序中,可以通过指针这种特殊的数据类型来使用动态变量。动态变量可以在需要时产生,用完后释放或者回收。C++在内存中开辟了类似栈而称为堆的动态存储区域来存放动态变量,以便在程序运行期间存取动态变量。

1. 使用动态变量的原因

使用动态变量的原因至少有以下两个:

第一，如果程序中定义了变量，则编译系统需要根据它所属的数据类型分配相应的存储单元。对于数组、结构体等构造类型及其错综复杂的组合形式，可能需要占据较大的存储空间并且在整个程序运行期间都无法挪为他用，往往造成浪费且影响程序设计的灵活性。

第二，很多应用问题中，预先难以确定究竟需要多少相关的数据项，数据结构的格式和大小也可能随着程序的运行而变化，因而使用的变量无法在编译期间确定下来。

动态变量不能像一般变量那样明确地定义，也不能直接用变量标识符来引用。这种变量需要通过指向它的指针变量来访问。C++为实现动态存储分配与释放从而有效地利用内存资源，提供了两个运算符 new 和 delete。

2. new 运算

运算符 new 用于为变量（或者数组、字符串、函数以及对象等）动态地分配内存空间，并将相应内存地址（内存空间的首地址）赋予指针变量。使用 new 为指针变量动态分配内存空间的语句有以下 3 种格式：

- 分配由类型确定大小的一片连续内存空间，并将其首地址赋给指针变量。

  <指针变量> = new <类型>；

- 除分配内存空间之外，还将初值存入所分配的内存空间。

  <指针变量> = new <类型>(初值)；

- 分配指定类型的数组空间，并将数组的首地址赋给指针变量。

  <指针变量> = new <类型>[<常量表达式>]；

3. delete 运算

运算符 delete 用于将动态分配的内存空间归还给系统，有两种格式：
- 该语句的作用是将指针变量所指向的内存空间归还给系统。

delete <指针变量>；

- 该语句的作用是将指针变量所指向的一维数组内存空间归还给系统。

delete [ ]<指针变量>；

例 6-1 用动态结构体变量描述并输出一个学生的情况。

本程序完成以下任务：

（1）定义描述学生情况的结构体类型 Student，其中包括 4 个数据域：学号、姓名、性别和成绩。

（2）定义指向 Student 型变量的指针变量，并使用 new 运算符为它所表示的动态结构体变量分配存储空间。

（3）通过指针为动态结构体变量的各数据域赋值，即输入一个学生的情况。

（4）输出学生的情况，即动态变量各数据域的值。

（5）释放动态变量占用的存储空间。

程序如下：

```
//例 6-1_动态变量的使用
# include < iostream >
using namespace std;
//定义结构体类型 Student
struct Student
{    int num;
     char name[15];
     char sex;
     float score;
};
//主函数：为结构体变量分配内存、赋值并输出
int main()
{    //定义指向自定义类型 Student 的指针变量 ps
     Student * ps;
     //为动态变量分配内存空间
     ps = new Student;
     //通过指针为动态变量各数据域赋值
     ps -> num = 1012;
     strcpy(ps -> name,"王丽萍");
     ps -> sex = 'w';
     ps -> score = 83.5;
     //通过指针输出动态变量各数据域的值
     cout <<"学号: "<< ps -> num << endl;
     cout <<"姓名: "<< ps -> name << endl;
     cout <<"性别: "<<(ps -> sex!= 'w'?"男":"女")<< endl;
     cout <<"成绩: "<< ps -> score << endl;
     //释放动态变量占用的内存空间
     delete ps;
     return 0;
}
```

本程序的运行结果如下：

```
学号: 1012
姓名: 王丽萍
性别: 女
成绩: 83.5
```

6.1.3 指针与数组和字符串

C++ 中的指针与数组有密切的关系，数组名本身就是指针常量。一般说来，任何可以由数组下标完成的操作都可以由指针来实现。C 语言中的字符串是基于指针的字符数

组,当然也可以用指针来操作。

1. 定义一维数组的指针

定义一个指向数组元素的指针变量与定义一个指向变量的指针变量相同,但要注意指针变量的类型必须与它所指向的数组的类型相同。一般格式为

<数组类型名> * <指针变量名>

注:定义指向二维数组元素的指针的一般格式也是这样。

例如,下面 3 个语句

```
int a[10], * pa;
pa = &a[0];
x = * pa;
```

的功能分别为

- 定义长度为 10 的整型数组 a 和指向整型的指针 pa。
- 通过赋值使得 pa 指向数组的第 0 个元素。
- 通过赋值将 a[0]的值赋给变量 x。

2. 二维数组的地址

二维数组的地址和指针远比一维数组复杂,尤其要注意的是行地址的概念。假设二维数组 a 的定义为

```
int a[3][4]
```

则可将 a 数组看作如图 6-1 所示的结构。

图 6-1　二维数组的数组名、行名与数组元素

(1) 二维数组 a 是由 3 个一维数组 a[0]、a[1]、a[2]组成的,其中每个数组元素又是包含 4 个数组元素的一维数组。例如,一维数组 a[0]是由 a[0][0]、a[0][1]、a[0][2]、a[0][3]这 4 个元素组成的。

(2) 数组名 a 代表:

- 二维数组 a 的首地址。
- 首行元素(首元素)的起始地址(&a[0]),而首行元素的名称 a[0]也代表它的起始地址。
- 首行元素的首元素起始地址(&a[0][0])。

因此 a=&a[0]=a[0]=&a[0][0]。

（3）a＋1 代表 a[1]元素（a[1]行）起始地址，因此 a＋1＝ a[1]＝＆a[1]＝＆a[1][0]，推广到一般情形：a+i=＆a[i]＝a[i]＝＆a[i][0]。

其中前两个是行地址，后两个是数组元素地址，它们的数据类型是不同的。行地址 a+i 与＆a[i]只能用于指向一维数组的指针变量，而不能用于普通指针变量，例如，下面两个语句

```
int a[2][3];
int * p = a + 0;                            //错误! 类型不同
```

中的第 2 个语句应该写成

```
int * p = &a[0][0];
```

3. 使用指针引用数组元素

（1）通过指向数组元素的指针引用一维数组元素。

一般有两种方法：下标法和指针法，其一般形式分别为

下标法：＜数组名/指针变量名＞[下标]

指针法：*（数组名/指针变量名＋下标）

注：下标法实际上是指针法的一种缩写形式，在编译程序时，先要将下标法转化成指针法。也就是说，从编译角度看，指针法引用数组元素要快一些。

假设指针变量 p 指向一维数组 a，根据数组元素存储的连续性以及指针的运算规则，可以得出两个结论：

第一，p+1 表示指向数组中的下一个元素。

第二，如果 p＝＆a[0]，i 是一个整数，那么

- p+i 或 a+i 就是 a[i]的地址。
- *（p+i）或 *（a+i）代表数据元素 a[i]。
- a[i]也可以写成 p[i]，两者是等价的。

（2）通过指向一维数组的指针引用二维数组元素。

指向一维数组的指针与二维数组名基本相同，但前者为变量，后者为常量。引用数组 a 的第 i 行第 j 列元素 a[i][j]的值的方法有 4 种：

（a[i]+j）、（*（a+i）+j）、*（＆a[i][0]+j）、a[i][j]

也可以用指针来表示这 4 种方法：

（p[i]+j）、（*（p+i）+j）、*（＆p[i][0]+j）、p[i][j]

4. 字符串的表示形式

C++程序中的字符数组和字符型指针都可用于字符串的存储和运算。字符串用数组的形式来表示，例如，

```
char Name[] = "Zhang Jin Ping";
```

还可以用字符指针指向一个字符串,例如,

```
char * s = "Zhang Jin Ping";
```

其中 s 是一个字符指针变量,"Zhang Jin Ping"是一个字符串常量,s 指向其首地址。

字符数组与字符指针的区别是:

(1) 字符数组由若干个元素组成,每个元素中存放一个字符,而字符指针变量中存放的是地址(字符串的首地址),并不是将字符串存放到字符指针变量中。

(2) 字符数组在编译的同时就会分配到存储单元,因而有确定的地址,而字符指针是在运行时才产生的。

5. 指针数组的概念

一批指针(内存单元的地址)也可以构成数组。指针数组中的每个元素都相当于一个指针变量,而且只能指向同一种数据类型的变量。

指针数组的定义方式与普通数组相似。定义一维指针数组的一般形式为

```
<数据类型> * 数组名[数组长度];
```

其中数据类型确定指针数组中每个元素(指针变量)的类型,数组名是指针数组的名称,同时也是这个数组的首地址,数组长度用来确定数组元素的个数。

声明二维指针数组的一般方式为

```
<数据类型><* 数组名>[第 1 维数组长度][第 2 维数组长度];
```

6. 指向指针的指针

指针可以指向包括指针类型在内的任何类型。指针也是变量,当然也有地址,因而一个指针的地址也可以存放在另一个指针中,存放指针地址的指针就是"指向指针的指针"。

定义指向指针的指针变量的一般形式为

```
<数据类型> **<指针变量名>;
```

可以用"＊"运算符得到指向指针的指针的内容,但得到的内容仍然是地址,所以需要再次应用"＊"运算符,才能取得该地址存储的内容。

6.1.4 指针与函数

C++中的指针与函数也有密切的关系。

- 指针变量经常用作函数的参数,甚至可以是主函数的参数。
- 数组名是指针常量,自然也可以用作函数的参数。

- 在函数之间传递字符串时经常使用指针。
- 可以设置指向函数的指针。

1. 指针变量作为函数参数

C++中，三种类型的指针可以作为函数的参数。

(1) 一般对象(包括变量)的指针作为函数的参数，就是地址参数。

(2) 数组指针(包括字符串指针)作为函数的参数，这是指针作为参数的常见方式。这种方式体现了指针作为参数的简单、灵活和高效的优势。

(3) 函数的指针作为函数的参数。也就是说，所定义的函数的参数是另一个函数。这种情况比较复杂，可用于设计出更为通用的函数。

2. 数组名作函数参数

数组名代表数组的首地址，故当以数组名作实参来调用函数时，是将数组的首地址而不是值传递给形参，也就是说，形参接受的是实参传递过来的首地址，这就使得实参数组与形参数组共同占用同一段内存。

数组名既可用作函数的实参，也可用作函数的形参。一般来说，如果想在函数中改变数组元素的值，实参与形参有以下几种对应情况。

(1) 形参和实参都是数组名，例如，

```
int main()                          f( int arr[ ], int n)
{    int a[9];                      {
    …                                   …
    f( a, 9);                       }
    …
}
```

(2) 型参是指针变量，实参是数组名，例如，

```
int main()                          f( int * pa, int n)
{    int a[9];                      {
    …                                   …
    f( a, 9);                       }
    …
}
```

(3) 形参、实参都是指针变量，例如，

```
int main()                          f( int * pa, int n)
{    int a[9], * p;                 {
    p = a;                              …
    …                               }
    f( p, 9);
    …
}
```

（4）形参是数组名，实参是指针变量，例如，

```
int main()                          f( int arr[], int n)
{   int a[9], * p;                  {
    p = a;                              …
    …                               }
    f( p, 9);
    …
}
```

3. 字符串指针作函数参数

在函数之间传递一个字符串时，可以使用地址传递的方法，即用字符数组作参数或用指向字符串的指针变量作参数。

在被调用的函数中可以改变字符串的内容，主调函数中可以得到改变了的字符串。

4. 函数指针变量调用函数

程序编译后，其中每个函数都会获得一个入口地址，称其为函数的指针。可以通过一个指针变量指向这个入口地址，从而达到通过指针变量调用函数的目的。指向函数的指针变量的一般定义形式为

<类型名> (< * 指针变量名>) ([<形参表>]);

5. 指向函数的指针作函数参数

设置函数指针变量的目的通常是将指针作为参数传递给其他函数，以便传递函数的地址，这就使得一个函数中可以将其他函数用作参数。例如，在求定积分

$$g(x) = \int_0^1 \sin x \mathrm{d}x$$

的程序中，定义了一个梯形法求定积分的函数

```
double integ(double a, double b, double ( * f)(double), int n)
{
    …
}
```

其中的"double (* f)(double)"参数就是一个指向函数的指针，调用 integ()函数时以被积函数"sin"作为第 3 个实参：

```
double s = integ(0.0,1.0,sin,1000);
```

这样的程序通用性更强（可以针对不同的被积函数求定积分）。

6. 指针数组作 main 函数的形参

main 函数也可以带参数。指针数组可以作为 main 函数的形参。main 函数的原

型为

    main(int argc, char * argv[])

其中 argc 用于指定参数个数,argv 是一个指向参数表(字符数组)的指针。main 函数中的形参名可以任意取,一般使用 argc 和 argv。

例 6-2 使用命令行参数的程序。

按照以下步骤,可以创建一个包含命令行参数的 C++程序,并在 Windows 的命令行提示符窗口中输入带有参数的命令来运行程序。

(1) 创建一个名为"显示一句话"的控制台工程。

(2) 在.cpp 文档中输入 C++程序代码:

```
//例 6-2_指针数组作 main 函数形参
# include <iostream>
using namespace std;
void main( int argc, char * argv[] )
{    for(int i = 1;i < argc;i++)
        cout << argv[i]<<" ";
    cout << endl;
}
```

(3) 运行程序,运行通过后,将会在该工程的 Debug 文件夹中生成可执行文件,如图 6-2(a)所示。

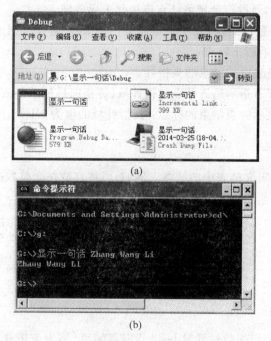

(a)

(b)

图 6-2 带有命令行参数的可执行文件及其运行

（4）打开 Windows 的命令提示符窗口,在其中输入命令:

G:\>显示一句话 Zhang Wang Li

并按 Enter 键,则会显示如图 6-2(b)所示的结果。

本程序中,main 函数的第 1 个形参 argc 得到的值等于 4,表示 main 函数一共接收了 4 个参数,分别是显示一句话、Zhang、Wang、Li。第 2 个形参 argv[]数组的 4 个元素分别指向这 4 个字符串: argv[0]指向字符串"显示一句话", argv[1]指向字符串"Zhang", argv[2]指向字符串"Wang", argv[2]指向字符串"Li"。

6.1.5 线性链表

链表是不同于顺序表的另一种数据的存储结构。链表中的结点(数据元素)是由数据和指针一起构成的。每个结点占用的存储空间都是在需要存储数据时才向系统申请得到的。各个结点可以存放于不连续的存储空间中,通过指针将它们连接起来。

链表可分为单链表(含一个指针)、双链表(含两个链域)等多种。对链表的操作通常有链表的创建、遍历、插入结点、删除结点等。

1. 结构体与链表

在结构体中,除了包含一般的数据域以外,还可以包含指向自身结构的指针域,这种类型的对象称为结点,通过指针域将结点连接起来形成链表。

链表是一种动态数据结构,其中结点通常使用 new 运算符创建,用过后使用 delete 运算符回收。链表具有以下特点:
- 有一个指示链表中首结点的头指针。
- 每个结点中都有指示后继结点的指针域(特指向后的单链表)。
- 末尾结点有表示链表结束的标志:其指针域的值为 NULL。

2. 单链表的定义

可以用结构体来定义链表中的结点。例如,可将存放一个整数的结点定义为

```
struct Node{
    int number;                          //结点实际存放的数据
    Node * next;                         //指向下一个结点的指针
};
Node * head = NULL                       //指向结点的头指针,无结点时链域为 NULL 值
```

3. 创建单链表

创建单链表时,可以用指针变量 head 指向首结点(称为头指针),指针变量 p 指向新生成的结点。生成一个结点之后,将其插入首结点之前(也可插入链尾),然后修改头指针,使其指向新的首结点。

为了操作方便(空表与有数据的表可以统一表示),链表中往往设置一个专门的"头结点",它的数据域是空的,链域指向首个存放数据的结点。这时候,新生成的结点就只能放在头结点之后了。

4. 遍历单链表

遍历链表就是从首个结点开始,逐个向后查找指定的结点。遍历时需要设置一个与头指针数据类型相同的工作指针。例如,假定 p 是 个与 hcad 同类型的指针,则语句

```
p = head;
p = p→next;
```

先将 head 的值赋予 p,然后使 p 指向链表中当前结点的下 1 个结点。如果不断地使指针 p 移向下一个结点,则当 p 为 NULL 值时,就遍历了整个链表:

```
while(p! = NULL)
    p = p→next;
```

5. 在单链表中查找结点

链表是非顺序存取结构,为了找到第 i 个结点,必须从头指针出发逐个查找,直到第 i−1 个(目标元素的直接前趋)结点为止,该结点链域指向的是要找的结点。在非空单链表中查找存放了指定值 x 的前一个结点 p 的方法是:

从头指针指向的结点开始,沿指针逐个扫描,看哪个结点中有 x 值,直到找到或已到末尾时为止。如果找到了,则得到的是目标结点的前一个结点的序号。

6. 单链表中插入结点

在准备好了要插入的结点并找到插入位置之后,将 s 所指向的结点插入 p 所指向的结点之后的操作如图 6-3 所示。

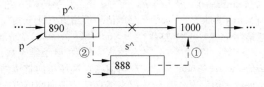

图 6-3　单链表中结点的插入

完成插入操作的语句为

```
s -> next = p -> next;          //新结点的链域指向该处原来的结点
p -> next = s;                  //原结点的前趋结点的链域指向新结点
```

7. 删除单链表中的结点

删除一个结点时,先使指针 p 指向该结点的前趋结点,然后通过语句

```
p -> next = p -> next -> next;
```

改变其链域的指向，使它由指向待删结点变为指向待删结点的后继结点。

例 6-3 单链表的创建与遍历。

本程序中，先创建一个包含头结点的单链表，其中每个结点存放一个整数；然后逐个输出每个结点的数据域的值。

```cpp
//例 6-3_ 线性单链表的创建与遍历
#include <iostream>
using namespace std;
//链表结点的定义
struct Node
{   int data;                          //结点实际存放的数据
    Node * next;                       //指向下一个结点的指针
};
Node * head = NULL;                    //指向结点的头指针,无结点时链域为 NULL 值
//Head 函数: 生成数据域为 0 的头结点
Node * Head()
{   Node * p = new Node;               //申请一个结点且使 p 指向它
    p -> data = 0;                     //头结点数据域赋值
    p -> next = NULL;                  //头结点链域为空
    head = p;                          //头指针指向头结点
    return head;
}
//Create 函数: 生成 n 个结点的单链表
void Create(Node * head, int n)
{   if(n < 0)
        cout <<"n 的值不应为负数!"<< endl;
    else if(n == 0){
        head = NULL;                   //无结点时,表头指针置空后返回
        return; }
    else{
        for(int i = 0;i < n;i++)
        {   Node * p = new Node;       //申请一个结点且使 p 指向它
            cout <<"第"<< i + 1 <<"个整数: p -> data?";
            cin >> p -> data;          //读入一整数,赋予结点数据域
            p -> next = head -> next;  //当前结点链域指向首个结点,成为新的首个结点
            head -> next = p;          //头结点链域指向新的首个结点
        }
    }
}
//Dasplay 函数: 遍历单链表,输出 n 个结点的数据
void Dasplay(Node * head, int n)
{   Node * p = head;
    for(int i = 0;i < n;i++)
    {   p = p -> next;
        cout << p -> data <<" ";
    }
```

```
            cout << endl;
    }
    //主函数：创建单链表,输出各结点数据
    int main()
    {    Node * h = Head();
         Create(h,5);
         Dasplay(h,5);
         return 0;
    }
```

程序的一次运行结果如下：

```
结点个数：n? 9
第 1 个整数：p->data? 8
第 2 个整数：p->data? 10
第 3 个整数：p->data? -2
第 4 个整数：p->data? 5
第 5 个整数：p->data? 4
第 6 个整数：p->data? 6
第 7 个整数：p->data? 9
第 8 个整数：p->data? 15
第 9 个整数：p->data? 20
20  15  9  6  4  5  -2  10  8
```

6.2 程序解析

本章解析的 5 个程序各有侧重,分别示范了指针的各种使用方法：指针与取地址运算符的基本使用方法；用指针操作数组的方法；用指针调用函数的方法；用指针操作结构体以及结构体数组的方法；构建线性单链表的方法。

通过这几个程序的研读和调试,可以较好地理解指针的概念、使用方法以及构建线性单链表的一般方法。

程序 6-1 三数排序并输出

本程序的功能为,输入 3 个整数,按由小到大的顺序输出。其中两数的交换操作是调用子函数来完成的。

1. 算法分析

本程序顺序执行以下操作：

(1) 定义交换两个变量的值的 swap() 函数：

• 该函数无返回值,定义为 void 型。

• 其中两个形参分别表示需要互换其值的两个变量,将它们定义为指针型,使得形参互相换值后,相应实参也随之换值。

（2）主函数中，顺序执行以下操作：

① 输入 3 个整数，分别赋予 a、b、c 这 3 个整型变量。

② 定义 3 个指针变量 pa、pb、pc，分别指向 3 个整型变量。

③ 两次调用 swap()函数，使得 pa 指向的数 a 为最大数。

④ 再次调用 swap()函数，使得 pb 指向的数 b 为次大数。

⑤ 逐个输出 a、b、c 这 3 个数。

2. 程序

能够将输入的 3 个整数排成正序且顺序输出的程序如下：

```
//程序 6-1_输入 3 个整数并按从小到大的顺序输出
# include "iostream"
using namespace std;
//交换两个变量的值的函数
void swap(int * px,int * py)
{    int t = * px;
         * px = * py;
         * py = t;
}
//主函数：输入 3 个数，排序并输出它们
int main()
{    //输入 3 个整数，分别赋予 3 个变量
    int a,b,c;
    cout <<"三个整数?"<< endl;
    cin >> a >> b >> c;
    //定义 3 个指针，并使其分别指向 3 个整型变量
    int * pa = &a;
    int * pb = &b;
    int * pc = &c;
    //调用 swap()函数为 3 个数排序
    if( * pa > * pb)
        swap(pa,pb);
    if( * pa > * pc)
        swap(pa,pc);
    if( * pb > * pc)
        swap(pb,pc);
    //输出排成正序的 3 个数
    cout <<"从小到大的 3 个整数: "<< a <<" "<< b <<" "<< c << endl;
}
```

3. 程序运行结果

本程序的一次运行结果如下：

3 个整数?
5 -10 3

从小到大的 3 个整数： - 10　3　5

程序 6-2　逆置数组元素

本程序的功能为,将已有数组中各个元素逆置,即按原有顺序的反序存放。其中逆置数组元素的操作是由子函数完成的。

1. 算法分析

本程序顺序执行以下操作：

(1) 定义逆置各数组元素的 invert()函数：

- 该函数无返回值,定义为 void 型。
- 其中两个形参分别为指向 double 型数组的指针和表示数组元素个数的整型变量。

在 invert()函数中,顺序执行以下操作：

① 定义 i 指针变量,使其指向首个元素。

② 定义 j 指针变量,使其指向末尾元素。

③ i 所指元素与 j 所指元素互相交换。

④ i 指针加 1,指向其后元素。j 指针减 1,指向其前元素。

⑤ 判断：i＜j 吗？

是则转到③。

⑥ 返回主调函数。

(2) 在 main()函数中,顺序执行以下操作：

① 输入 3 个整数,分别赋予 a、b、c 这 3 个整型变量。

② 定义 3 个指针变量 pa、pb、pc,分别指向 3 个整型变量。

③ 两次调用 swap()函数,使得 pa 指向的数 a 为最大数。

④ 再次调用 swap()函数,使得 pb 指向的数 b 为次大数。

⑤ 逐个输出 a、b、c 这 3 个数。

2. 程序

能够逆置数组中各元素的程序如下：

```
//程序 6-2_逆置数组中的元素
# include < iostream >
using namespace std;
//反序存放各数组元素的函数
void invert(double * x, int n)        //形参：指针变量、元素个数
{   double t, * i, * j;
    i = x;                            //i 指向首个元素
    j = x + n - 1;                    //j 指向末尾元素
```

```
        while(i < j)
        {   //通过指针交换主调函数中两个元素的值
            t = * i;  * i = * j;  * j = t;
            i++; j--;
        }
}
//主函数：调用 inver()函数逆置数组元素
int main()
{   double a[15] = {3.6,7,9.1, - 11,0,6,7,5.6,4.3,2,8.8,9.5,10,7.8, - 10};
    cout <<"原数组: ";
    for (int i = 0;i < 15;i++)
        cout << a[i]<<" ";
    cout << endl;
    invert(a,15);                          //数组名 a 作实参,将地址传递给形参
    cout <<"逆置后: ";
    for (int i = 0;i < 15;i++)
        cout << a[i]<<" ";
    cout << endl;
    return 0;
}
```

3. 程序运行结果

本程序的运行结果如下：

```
原数组: 3.6   7   9.1   -11   0   6   7   5.6  4.3  2  8.8  9.5  10  7.8  -10
逆置后: -10  7.8  10   9.5  8.8  2  4.3  5.6   7   6   0   -11  9.1   7   3.6
```

程序 6-3 计算圆的周长和面积

本程序的功能为,自定义计算圆的周长和面积的函数。在 main()函数中输入圆的半径,调用自定义函数求出周长和面积并输出其值。

1. 算法分析

本程序所依据的算法比较简单。main()函数中执行 3 种操作：输入半径、调用自定义函数计算并输出结果。自定义函数中执行计算圆的周长和面积的操作,并通过形参将计算结果传递给实参。

本程序中,自定义函数的形参使用指针变量,调用时用于获取计算结果的两个实参使用取地址运算符,以便计算得到的形参值能够通过实参传递给主调的 main()函数。

2. 程序

按照上述思路编写的程序如下：

```
//程序 6 - 3_指针变量作函数的参数
```

```
# include "iostream"
using namespace std;
//计算圆周长和面积的函数
void Circle(double r,double * pLength,double * pArea)
{    * pLength = 2 * 3.1415926 * r;          //求面积并由 pLength 传递给主调函数的相应实参
     * pArea = 3.1415926 * r * r;            //求面积并由 pArea 传递给主调函数的相应实参
}
//主函数：输入半径,调用函数计算圆的周长和面积
int main()
{    double r,Length,Area;
     cout <<"圆的半径?";
     cin >> r;
     Circle(r,&Length,&Area);                // 后两个实参是变量的地址
     cout <<"半径 = "<< r <<"时,圆的周长 = "<< Length <<",圆的面积 = "<< Area << endl;
}
```

3. 程序的运行结果

本程序的一次运行结果如下：

```
圆的半径? 1.8
半径 = 1.8 时,圆的周长 = 11.3097,圆的面积 = 10.1788
```

4. 程序的改进

为了提高程序的通用性,可以分别编写两个函数来计算圆的面积和周长,并在另一个函数中使用指向函数的指针变量分别调用这两个函数。按照这个思路编写的程序如下：

```
//程序 6 - 3 改进_使用指向函数的指针变量调用函数
# include "iostream"
using namespace std;
//计算圆周长的函数
double Length(double r)
{    return 2 * 3.1415926 * r;
}
//计算圆面积的函数
double Area(double r)
{    return 3.1415926 * r * r;
}
//包含函数参数的函数
double Function(double ( * f)(double),double x)
//形参 f 是指向函数的指针变量
{    return ( * f)(x);                       //间接调用 f 指向的函数
}
//主函数：输入半径,调用函数求周长和面积
int main()
{    double r;
```

```
    cout <<"圆的半径? ";
    cin >> r;
    cout <<"圆的面积 = "<< Function(Area, r)<< endl;
    cout <<"圆的周长 = "<< Function(Length, r)<< endl;
}
```

5. 改进后程序的运行结果

本程序的一次运行结果如下：

```
圆的半径? 1.8
圆的面积 = 10.1788
圆的周长 = 11.3097
```

程序 6-4　按 3 位分节格式输出正整数

本程序的功能为,将用户输入的正整数处理成每 3 位带一个分节号的标准格式,然后输出处理过的数。

1. 算法分析

本程序按顺序执行以下操作：
(1) 定义整型变量、字符数组及指向数组的指针。
(2) 将用户输入的待处理整数存入一个整型变量 numbcr。
(3) 定义用于统计数字位数的整型变量(count＝0)。
(4) 获取整数的个位数字(求除以 10 的余数),转换成字符并存入字符数组中。
(5) 数字位数加 1(count＋1)。
(6) 判断：数字位数 count＝3 吗？
　　　是则加分节号",",统计位数的变量清零(count＝0)。
(7) 判断：待处理的整数 number 还存在未处理的数位吗？
　　　是则转向(4)。
(8) 输出加了分节号的整数。

2. 程序

按上述算法编写的程序如下：

```
//程序 6－4_按 3 位分节格式输出正整数
# include < iostream >
using namespace std;
int main()
{    //定义整型变量、字符数组及指向数组的指针
    int number;                    //存放将要处理的数字
    char Array[20];                //存放加了分节号的数字
```

```
    char * point = Array;              //指向存放数字的数组
    //输入一个整数
    cout <<"需要加分节号的正整数是?";
    cin >> number;
    //逐个分离整数的各位,加分节号并放入字符数组
    int count = 0;                     //统计数字位数的变量
    while(number!= 0)
    {   //求得整数的个位,并去掉原数中的个位
        * point = number % 10 + '0';   //求得整型的个位,放入 point 所指字符数组元素
        number = number/10;            //去掉原数中的个位
        point++;                       //指针前进,指向下一个数组元素
        count++;                       //数位个数加
        //每位加个分节号(逗号)
        if(count % 3 == 0)
        {   * point = ','; //满 3 位加分节号","
            point++;                   //指针前进,指向下一个数组元素
            count = 0;                 //统计数字位数的变量清零
        }
    }
    //输出加了分节号的整数
    cout <<"按标准的位分节格式,这个数是: ";
    if( * ( -- point) == ',')
        point -- ;
    while(point!= Array)
    {   cout << * point;
        point -- ;
    }
    cout << * point << endl;
    return 0;
}
```

3. 程序的运行结果

本程序的一次运行结果如下:

需要加分节号的正整数是? 1325467890
按标准的 3 位分节格式,这个数是: 1,325,467,890

应该注意的是,如果输入的是 10 位以上或者较大的 10 位数,就会因超出整型变量的范围而输出为乱码。

程序 6-5 线性链表求解约瑟夫斯问题

本程序的功能为,使用线性单链表求解约瑟夫斯问题,即将从 1 到 n 的数字看作一个环,循环为其从 1 到 $k(k<n)$ 编号,并逐个输出第 k 个数字,直到输出了所有数字为止。

注: 关于约瑟夫斯问题,可参考第 4 章中的相应程序解析。

1. 算法分析

本程序按顺序执行以下操作：

（1）定义表示单链表结点的结构体类型，包括一个整型的数据域和一个指向后继结点的指针域。

（2）定义创建链表中所有结点（即生成约瑟夫斯环）的函数。

（3）定义按约瑟夫斯法逐步删除链表中结点的函数。

（4）创建链表的头结点。

（5）输入结点个数（约瑟夫斯问题中的人数）和最大报数值（出局的号码）。

（6）调用创建链表中所有结点的函数，生成约瑟夫斯环。

（7）调用按约瑟夫斯法逐步删除链表中结点的函数，输出约瑟夫斯环中的所有数字。

2. 程序

按上述算法编写的程序如下：

```
//程序6-5_线性链表求解约瑟夫斯问题
#include <iostream>
using namespace std;
//定义结构体,表示单链表的结点
typedef struct Node
{    int data;                          //数据域
     Node * next;                       //指针域
}LNode;
//定义单链表的头指针
LNode * H;
//声明在单链表插入 n 个结点的函数
void initList(int n);
//声明按约瑟夫斯法逐个删除结点的函数
void deleteNode(int n,int k);
int main()
{    //创建单链表的头结点
     H = new LNode;                     //生成头结点(分配存储空间)
     H->next = NULL;                    //头结点的指针域置为空
     //输入总人数及循环报数的最大值
     int n,k;
     cout <<"总人数 n = ?报数 k = ?";
     cin >> n >> k;
     //调用函数,构造单链表(约瑟夫斯环)的所有结点
     initList(n);
     //调用函数,按约瑟夫斯法逐个删除单链表中的结点
     deleteNode(n,k);
}
//定义在单链表插入 n 个结点的函数
void initList(int n)
{    LNode * p, * q;
```

```
    //从头指针开始
    q = H;
    //逐个生成单链表(约瑟夫斯环)中的结点
    for(int i = 1;i < n;i++)
    {    p = new LNode;                      //生成一个结点
         q -> data = i;                      //结点数据域为 i
         q -> next = p;                      //结点指针域向后指
         q = p;                              //指针前进
    }
    //生成单链表(约瑟夫斯环)中最后一个结点
    p -> data = n;                           //结点数据域为 n
    p -> next = H;                           //结点指针域指向头结点,形成环
    H = p;                                   //修改头指针
}
//定义按约瑟夫斯法逐个删除结点的函数
void deleteNode(int n,int k)
{    LNode * p, * q;
    //从头指针开始
    p = H;
    //按约瑟夫斯法逐个删除单链表(约瑟夫斯环)中的结点
    for(int i = 1;i <= n;i++){
        for(int j = 1;j <= k - 1;j++)
            p = p -> next;
        q = p -> next;
        p -> next = q -> next;               //删除 q 指向的结点
        cout << q -> data <<" ";
        if (i % 10 == 0) cout << endl;
        delete q;                            //释放 q 结点占用的存储空间
    }
    cout << endl;
    H = p;                                   //修改头指针
}
```

3. 程序运行结果

本程序的一次运行结果如下：

```
总人数 n = ?报数 k = ? 50 3
3    6    9    12   15   18   21   24   27   30
33   36   39   42   45   48   15   10   14
19   23   28   32   37   41   46   50   7    13
20   26   34   40   47   4    16   25   35   44
8    22   38   2    29   49   31   17   43   11
```

6.3 实验指导

本章安排 3 个实验：指针变量与取地址运算符的使用方法；使用指针操作数组和字

符串的方法；创建和操纵线性单链表的方法。

通过本章实验,可以:

- 理解指针的概念和特点,掌握其基本使用方法。
- 进一步理解复杂数据类型的概念和特点,掌握使用指针操作数组和字符串的方法。
- 进一步理解线性表的功能和特点,初步掌握创建和操作线性单链表的方法。

实验 6-1　指针变量与取地址运算符

本实验中,需要运行两个程序:第 1 个程序给出了所有源代码,阅读并在 Visual C++的控制台工程中运行即可;第 2 个程序需要自行编写源代码并在 Visual C++的控制台工程中运行。

1. 变量名、"&"算符与"*"算符的使用

【程序的功能】

本程序中,分别使用变量名、取地址运算符"&"和取内容运算符"*"来操作同一个变量,有助于理解地址的意义、指针的功能以及变量的几种不同使用方法之间的联系与区别。

【程序设计步骤】

（1）阅读下列程序,预测其输出结果:

```cpp
//实验 6-1-1_指针与取地址运算符
# include < iostream >
using namespace std;
int main()
{    int a = 10;
     cout <<"                    变量 a 的值  a = "<< a << endl;
     cout <<"                    变量 a 的地址 &a = "<< &a << endl;
     int * pa = &a;
     cout <<"          指向 a 的指针变量 pa 的值 pa = "<< pa << endl;
     cout <<"          指针变量 pa 的地址 &pa = "<< &pa << endl;
     cout <<"指针变量 pa 所指向的变量的值 * pa = "<< * pa << endl;
     return 0;
}
```

（2）创建一个控制台工程,输入并运行程序。

（3）分析输出结果。

（4）改变变量 a 的值,观察输出内容有什么变化,分析其原因。

（5）回答问题:下列哪几个表达式的值相等? 为什么?

a &a pa &pa * pa

2. 编写并运行程序

【程序的功能】

（1）定义整型变量 a 和 b。

（2）定义指针变量 pa 和 pb，分别指向整型变量 a 和 b。

（3）输入变量 a 和 b 的值。

（4）输出整型变量 a 和 b 的和、差、积、商。要求包括整数商和实数商，而且要根据除数是否为 0 来确定是否进行除法运算。

（5）调整指针的指向，使 pa 总指向值较大的变量，pb 总指向值较小的变量。

【程序设计步骤】

（1）编写具有指定功能的程序。其中，功能（4）可采用以下代码：

```
cout <<"a + b = "<< * pa + * pb << endl;
   ...
if(b!= 0)
{    cout <<"a 整除以 b 的商: "<< a/b << endl;
     cout <<"a 除以 b 的商: "<< float(a)/float(b)<< endl;
}
```

（2）在 Visual C++ 的控制台工程中，输入并运行程序。

（3）分析输出结果。

实验 6-2   指针与数组和字符串

本实验中，需要运行 3 个程序：第 1 个程序给出了所有源代码，阅读并在 Visual C++ 的控制台工程中运行即可；第 2 个程序和第 3 个程序需要自行编写源代码并在 Visual C++ 的控制台工程中运行。

1. 使用指针操作数组和字符串

【程序的功能】

本程序中，分别使用指向数组的指针与指向字符串的指针来完成相应的输入输出操作。

【程序设计步骤】

（1）阅读下列程序，预测其输出结果：

```
//实验 6 - 2 - 1_指针与数组和字符串
# include < iostream >
using namespace std;
int main()
{    int i,j, * pa,a[5];
     int ( * pb)[5],b[3][5] = {{1,2,3,4},{2,9,6,8},{3,5,7,9}};
     char s[] = "There is another job to do.";
```

```
        char * ps = s;
        pa = a;
        pb = b;
        cout <<"输入 5 个整数?";
        for(i = 0;i < 5;i++)
            cin >> * (pa + i);
        cout << endl;
        for(i = 0;i < 5;i++)
            cout << * (pa + i)<<'\t';
        cout << endl;
        for(i = 0;i < 3;i++)
        {   for (j = 0;j < 5;j++)
                cout << * ( * (pb + i) + j)<<'\t';
            cout << endl;
        }
        while( * ps!= '\0')
        {   cout << * ps;
            ps = ps + 1;
        }
        cout << endl;
    }
```

（2）在 Visual C++ 的控制台工程中，输入并运行程序。

（3）分析输出结果。

（4）回答问题：如果将字符串"At 3 A. M. he went to bed."放在 str 中，至少需要多少个字符单元？

（5）在程序中添加合适的代码，使得统计过后在字符串末尾追加一个字符"♯"并输出该字符串。

2. 使用指针的冒泡排序程序

【程序的功能】

本程序中，通过指针访问数组：

```
list[COUNT] = {608, 97, 543, 69, 908, 190, 897, 375, 654, 399}
```

实现数组元素的冒泡排序并输出排序后的结果。

提示：定义指针变量 ptr，

- 初始化时指向数组 list 第 1 个元素，即其初值为 &list[0]。
- ptr＋1 则是数组中的下一个元素。
- * (list＋i)与 * (ptr＋i)是 list＋i 或 ptr＋i 所指向的数组元素，即 list[i]。

【算法分析】

（1）定义数组 list[COUNT]并赋值为指定的内容。

定义一个指向数组的指针 ptr。

（2）循环变量初值：i＝0。

(3) 循环变量初值：j＝COUNT－1；

(4) 判断 list[j－1]＞ list[j]?

　　是则 list[j－1]与 list[j]互换其值。

(5) j＝j－1。

(6) 判断 j＞i?

　　是则转向(4)。

(7) i＝i＋1。

(8) 判断 i＜ COUNT?

　　是则转向(4)。

(9) 输出排好序的数组 list。

(10) 算法结束。

【程序设计步骤】

(1) 编写主函数，主函数的定义形式如下：

```
# include < iostream >
using namespace std;
int main()
{    定义数组 list 并赋予给定的初值；
     定义指向数组 list 的指针 ptr；
     i 循环(从 0 到 COUNT－1,步长 1)
         j 循环(从 COUNT－1 到 i－1,步长(－1))
             判断 *(ptr＋j－1)>*(ptr＋j)?
                     是则两数组元素交换；
     显示"排序后："；
     ptr 循环(从 list 首址到 list＋9,步长 1)
         输出 ptr 所指向的元素；
     return 0;
}
```

在主函数中，要注意使用：

- *(ptr＋j)表示数组元素的值；
- 指针变量指向数组元素来控制循环：

```
for(ptr = list;ptr<(list + 10);ptr + + )
```

(2) 在 Visual C++的控制台工程中，输入并运行程序。

3. 统计字符串中的数字及各类字符

【程序的功能】

输入一个字符串，按照 ASCII 码表中的编码逐个确定其中每个字符所属的种类（大写字母、小写字母、数字以及其他字符），统计各种字符的个数以及总个数，并输出统计结果。

【算法分析】

（1）定义一个字符数组 str。

定义一个指向 str 数组的指针 p，初始时指向 str 数组首地址。

定义表示总数以及各种字符个数的变量 total、capital、small、numeral、others。

（2）输入一个字符串给 str 数组。

（3）字符总数 total＋1。

（4）如果 p 所指为大写字母，则 capital＋1。

（5）如果 p 所指为小写字母，则 small＋1。

（6）如果 p 所指为数字，则 numeral＋1。

（7）如果 p 所指非大写字母、小写字母或数字，则 others＋1。

（8）指针前进（即 p＋1）。

（9）判断：p 所指字符＝文件结尾标志？

是则转向（3）

（10）输出字符总数及各类字符个数（total、capital、small、numeral 和 others 的值）。

（11）算法结束。

【程序设计步骤】

（1）编写主函数，主函数的定义形式如下：

```
# include < iostream >
using namespace std;
int main()
{    定义数组 str[100];
     定义指向数组 str 的指针 p;
     定义 5 个整型变量,分别表示:字符总数、大写字母数、小写字母数、数字数、其他数.
     当( * p!= 0)时,反复执行:
     {    字符总数 + 1;
          该字符所属种类的字符数 + 1;
          指针变量 p + 1;
     }
     输出字符总数以及各种字符数;
     return 0;
}
```

提示：在字符串程序中，一般

• 用字符串的结束标志 0 来作为循环的结束条件。

• 用 cin. get(p,n)将键盘输入的前 n−1 个字符（可包含空格）存入字符数组 p,若输入字符数少于 99,则以回车换行表示输入结束。

• 若 * p! ＝0,则 p 指向的不是串中最后一个字符。

（2）在 Visual C++ 的控制台工程中，输入并运行程序。

实验 6-3　线性单链表的创建与查找

本实验编写并运行一个程序：由用户输入的一批数字组成单链表,查找值最小的结点并删除它。

【程序的功能】

(1) 创建一个带有头结点、结点个数为 20 的线性单链表。其中头结点的值域为空,链域指向第 1 个实际结点；其他 19 个结点的值域都存放一个 0～100 之间的整数。

(2) 从链表第 1 个结点开始,逐个比较所有结点的值域,找出该链表中值最小的结点,输出其值,并将该结点从链表中删除。

【算法分析】

(1) 定义线性单链表的结点类型 stuct Node：一个数据域 data、一个链域 next。

(2) 调用初始化单链表的函数：创建头结点并使头指针 head 指向它。

(3) 调用创建单链表中结点的函数：

① 定义指向新结点的指针变量 p。

② 循环变量初值：i＝0。

③ 创建一个新结点；输入一个整数给数据域；修改链域使它指向原来的第 1 个结点；修改 head 使它指向该结点。

④ i＝i+1。

⑤ 判断 i<20？ 是则转向③。

(4) 调用遍历单链表、找出最小值并删除它的函数：

① 定义指向当前结点的指针变量 p,初值 p＝head；
定义指向当前结点的前一个结点的指针变量 s,初值 s＝head；
定义指向最小结点的前一个结点的指针 minP,初值 minP＝NULL。

② 最小值变量初值：min＝101。

③ s＝p； p＝p→next；

④ 判断 min>p→data？
是则 min＝p→data； minP＝s。

⑤ 判断 p→next！＝NULL？ 是则转向③。

⑥ 输出最小值；
删除具有最小值的结点：minP＝minP→nexe→next；

(5) 算法结束。

【程序设计步骤】

(1) 定义线性单链表的结点类型。

该线性表的结点有两个域：一个整型的数据域；指向下一个结点的链域。

(2) 编写初始化单链表的函数 Init,Init 函数的定义形式如下：

```
struct Node * Init()
```

```
{   申请一个结点且使 p 指向它；
    置该结点数据域为空、链域为 NULL；
    使 head 指向该结点(头结点)；
    返回 head 指针；
}
```

（3）编写创建单链表中所有结点的函数 Create。

该函数用于生成具有 n 个结点且顺序与键入值相反的单链表，其定义形式如下：

```
void Create(intNode ∗ head, int n)
{   判断 n<0?是则
    {   输出提示信息"结点数不能为负！"；
        返回；
    }
    判断 n = 0?是则
    {   表头指针置为空(head = NULL)；
        返回；
    }
    循环(i 从 0 到 19,步长 1)
    {   申请一个结点且使 p 指向它；
        读入一数且赋予当前结点数据域；
        当前结点链入并作为第一个结点；
        修改链表头指针,使之指向新结点；
    }
}
```

（4）编写遍历单链表、找出最小值并删除它的函数 minNode。

查找具有最小值的结点时,需要遍历链表,即从第 1 个结点开始,逐个向后查找指定的结点或操作位置,为此需要设置工作指针 p。

为了记住具有最小值的结点,需要设置两个指针：指针 s 指向 p 所指结点的前一个结点,指针 minP 指向具有最小值的结点的前一个结点。

该函数的定义形式如下：

```
void minNode (intNode ∗ head, int n)
{   定义指针变量 p(初值 p = head)、s 和 minP；
    最小值变量初值：min = 101；
    循环(当 p 所指结点的 next 域不为 NULL 时)
        {   指针 s 指向 p 所指结点；
            指针 p 移向下一个结点；
            判 p 所指结点的数据是否小于 min?
                是则：min = p 所指结点数据；指针 minP = s；
        }
        输出最小值；
        删除 minP 所指结点的下一个结点；
}
```

（5）编写主函数，主函数的定义形式如下：

```
int main()
{   设置头指针变量 h;
    调用 Init 函数,创建带有头结点的线性单链表,并使得 h 成为其头指针;
    调用 Create 函数,创建线性单链表中所有结点,
        并将用户输入的一批数字逐个存放到各结点中;
    调用 minNode 函数,查找具有最小值的结点并删除该结点;
    return 0;
}
```

（6）在 Visual C++ 的控制台工程中，输入并运行程序。

第7章

类和对象

　　类是用来定义对象的一种抽象数据类型。只有定义和实现了类,才能创建属于这个类的对象,才能通过对象使用所定义的成员。传统 C 程序设计的重点在于编写和执行函数,而 C++ 程序设计则侧重于类的定义以及对象的创建和操作。

　　类将数据与操作数据的方法(函数)封装成一个整体,可以更好地模拟需要程序处理的客观事物;同时为继承性地创建新的类而实现代码重用打下基础。类的对象可以在使用之前通过构造函数来创建,使用之后通过析构函数来撤消,从而充分地利用存储空间等计算机资源。

7.1 基本知识

C++程序中,常将逻辑上相关的数据和操纵数据的函数(描述操纵数据的方法)封装成类,以便描述具有共同属性和行为的客观事物。事物的共同属性表示为类中的数据成员,而它们的共同行为则表示为类中的成员函数。

在类的定义中,除包含必要的数据成员和成员函数之外,还包含用于"创建"对象的构造函数和用于"撤消"对象的析构函数。由于可以在使用之前创建并在使用之后撤消,也就使得对象成为有别于变量的"动态"数据。

7.1.1 类与对象的定义和使用

面向对象程序中,用类(class)来模拟描述从现实世界中抽象得到的"一类事物",可将其看作用户自定义的数据类型,类定义的一般格式为

```
class <类名>
{
private:
    <私有数据成员和成员函数>;
protected:
    <保护数据成员和成员函数>;
public:
    <公有数据成员和成员函数>;
};
<类中各个成员函数的实现>
```

1. 类成员的访问控制

可以使用访问权限修饰符 private、public 或者 protected 将一个类中的不同成员定义为不同的访问权限。

(1) 私有成员用 private 定义。私有成员通常是一些数据成员,用于描述该类中对象的各种属性。对私有成员的访问限制在该类的内部,即只允许该类中自含的成员函数(或友元函数等)访问。由于类成员默认为私有的,故这个关键字可以省略。

(2) 公有成员用 public 定义。公有成员通常是一些操作(成员函数),作为类与外界的接口。公有成员允许该类之外的表达式、语句或者函数等访问。

(3) 保护成员用 protected 定义。对于保护成员的访问限制介于私有成员和公有成员之间。除了类本身的成员函数以及友元函数可以访问保护成员外,只有该类的派生类(子类)可以访问这些成员。

三种不同的成员在类体(类定义的一对花括号内)中出现的先后顺序可以任意,并且允许多次出现。

2. 对象的定义和访问

定义了一个类之后，就可以用它来定义对象了。定义类的对象与定义特定数据类型的变量在格式上是相同的。定义对象的一般形式为

<类名><对象名表>;

访问对象的数据成员的一般形式为

<对象名>.<数据成员名>

访问对象的成员函数的一般形式为

<对象名>.<成员函数名>([<实参表>])

其中"."称为对象选择符或者点运算符。

3. 内联成员函数

有时候，类中的成员函数很简单，可以写成内联成员函数以提高程序的执行效率。将类中的成员函数定义为内联函数有两种方法：
- 将成员函数的定义（包括函数体）直接放在类的定义中。
- 如果函数的定义位于类的定义之外，则需要加关键字"inline"使其成为内联函数。

注：内联成员函数中不能是递归函数，其内部不能包含循环语句、switch 语句和 goto 语句。

例 7-1 点类及其对象。

本程序按顺序完成以下任务：

（1）定义一个表示点的类 Point，其中包含：
- 两个私有成员 x 和 y。都是数据成员，分别表示一个点的 x 坐标和 y 坐标。
- 两个公有成员 setPoint() 和 showPoint()。都是成员函数（内联成员函数），其功能分别为：为 x 坐标和 y 坐标赋值、输出点。

（2）定义点类的对象 p。

（3）输入 x 坐标值和 y 坐标值。

（4）调用对象 p 的 setPoint() 函数为数据成员 x 和 y 赋值。

（5）调用对象 p 的 showPoint() 函数，输出点即按"(x,y)"格式显示出来。

程序如下：

```
//例 7-1_点类
# include < iostream >
# include < cmath >
using namespace std;
class Point                          //定义 Point 类
{    float x,y;                      //两个私有数据成员：x 坐标、y 坐标
public:                              //两个公有成员函数
```

```
        void setPoint(float xx,float yy)     //成员函数:为 x 和 y 坐标赋值
        {    x = xx;
             y = yy;
        };
        void showPoint()                      //成员函数:输出点
        {    cout <<"("<< x <<","<< y <<")点";
        }
};
int main()
{   float x_axis,y_axis;
    cout <<"x_axis? y_axis? ";
    cin >> x_axis >> y_axis;
    Point p;                                  //定义类的对象
    p.setPoint(x_axis,y_axis);                //调用成员函数,为 x 和 y 坐标赋值
    p.showPoint();                            //调用成员函数,输出点
    return 0;
}
```

程序的一次运行结果如下:

```
x_axis? y_axis? 8.6 9.3
(8.6,9.3)点
```

7.1.2 构造函数与析构函数

构造函数是类中的特殊成员函数。在定义一个类的对象时,编译程序自动调用构造函数为其分配存储空间并进行必要的初始化工作。与之对应的是析构函数,它也是类中的特殊成员函数,用于在撤消该类的对象时回收存储空间并做一些善后工作。

每个类只有一个析构函数,但可以有多个构造函数,包括一个复制构造函数(其他的称为普通构造函数)。对于任意一个类 A,如果不想编写上述函数,C++编译器将自动为 A 产生 4 个默认的函数,如

```
A(void);                          //默认的无参数构造函数
A(const A &a);                    //默认的复制构造函数
~A(void);                         //默认的析构函数
A & operate = (const A &a);      //默认的赋值函数
```

1. 构造函数的性质

构造函数具有一般成员函数的特征,同时也有一些独特的性质:

(1)构造函数的名字与所属类的名字相同。

(2)构造函数中可以包含任意类型和任意个数的参数,因而可以重载,但不能为构造函数指定返回类型。

(3)构造函数的函数体可以放在类体中,也可以放在类体外。

（4）构造函数虽然定义为公有函数，但这种函数是在定义对象时由系统自动调用的，不能像其他成员函数那样显式地调用。

构造函数分为 4 类：普通构造函数、默认构造函数、复制构造函数和类型转换构造函数。

2. 默认构造函数

默认构造函数不含形式参数且函数体为空，可以在类体中直接定义。其一般形式为

```
<类名>::<默认构造函数名>()
{ }
```

如果定义类时并未定义构造函数，则 C++ 编译程序自动为该类建立一个默认构造函数。一个类中只能有一个默认构造函数。另外，如果构造函数的所有参数都是默认参数，这样的构造函数也称为默认构造函数。

3. 复制构造函数

复制构造函数用于依据已存在的对象来建立新对象。典型地，它将参数所代表的对象逐个域地复制到新创建的对象中。其一般形式为

```
class 类名{
public:
    类名 (const 类名 & 对象名);
    …
}
类名::类名(const 类名 & 对象名)
{ 函数体}
```

其中，const 是一个类型修饰符，它所修饰的对象是不能改变的常量。

复制构造函数的复制有浅复制和深复制之分。一般来说，只需浅复制时最好利用系统自动生成的复制构造函数，效率较高。如果想在构造函数中开辟新的内存空间，则需要自己编写构造函数来完成深复制。

复制构造函数主要用于以下三种情况的初始化工作：

（1）声明语句中用一个对象初始化另一个对象。例如，

```
Person s2(s1);
```

（2）函数的参数是值参数时，对象作为函数实参传递给函数形参。

（3）当对象作为函数的返回值（如执行 return R）时，系统会使用对象 R 来初始化一个匿名对象。

4. 类型转换构造函数

如果在类的定义中提供了单个参数的构造函数，则这个参数的类型并非该类的类型（表明不是复制构造函数）。这样，就相当于该类提供一种将其他数据类型的数值或变量

转换为自身类型的方法。这种构造函数就是类型转换构造函数。

5. 重载构造函数

一个类中可以定义多个构造函数,以便提供初始化该类的对象的不同方法,由用户根据情况选用。这些构造函数有相同的名字,但参数的个数或参数的类型有所不同,这称为构造函数的重载。

6. 析构函数

析构函数用于释放一个对象的存储空间,其功能与构造函数正好相反。析构函数具有以下特点:

(1) 析构函数是成员函数,函数体可以写在类体内,也可以写在类体外。

(2) 析构函数是一个特殊的函数,名字与类名相同,名字前面加"~"字符。

(3) 析构函数没有参数,也没有返回值,因而不能重载。

当一个对象的作用域结束时,析构函数会被自动调用。另外,如果一个对象是使用 new 运算符动态创建的,则在使用 delete 运算符释放它时,delete 会自动调用析构函数。

例 7-2 包含构造函数和析构函数的点类及其对象。

本程序对例 7-1 进行以下几点改造:

(1) 在 Point 类的定义中添加两个构造函数(称为重载):

- 构造函数 Point(),无参数,运行时自动调用,为两个数据成员 x 和 y 赋 0 值。
- 构造函数 Point(float,float),运行时自动调用,将定义对象时的两个实参分别赋予 x 和 y 这两个数据成员。

注:这个构造函数与例 7-1 中的成员函数 setPoint() 功能相当,结构也相似,但函数名改成了类的名字。

(2) 在 Point 类的定义中添加析构函数~Point()。

(3) 在 Point 类的定义中添加成员函数 Distance(),用于计算圆心到该点的距离。

(4) 定义 Point 类的两个对象 p1 和 p2,系统会根据定义时给定的参数表而自动调用适当的构造函数来为两个对象中的数据成员赋值。

(5) 对象使用之后,由 C++ 自动调用析构函数来释放对象所占用的存储空间并输出相应的提示信息。

程序如下:

```
//例 7-2_包含构造函数和析构函数的点类
# include < iostream >
# include < cmath >
using namespace std;
class Point                          //定义 Point 类
{   float x,y;                       //两个私有数据成员:x 坐标、y 坐标
public:                              //3 个公有成员函数
    Point()                         //构造函数
    { x = y = 0;}
```

```
        Point(float xx,float yy)              //构造函数
        { x = xx;y = yy;}
         ~Point()                             //析构函数
        { cout <<"释放("<< x <<","<< y <<")点"<< endl;}
        void showPoint()                      //成员函数：输出点
        { cout <<"("<< x <<","<< y <<")点";}
        float Distance()                      //成员函数：求圆心到该点距离
        { return sqrt(x * x + y * y);}
};
int main()
{   float x_axis,y_axis;
    cout <<"x_axis? y_axis? ";
    cin >> x_axis >> y_axis;
    Point p1,p2(x_axis,y_axis);               //定义类的两个对象
    p2.showPoint();
    cout <<"与圆心相距"<< p2.Distance()<< endl;   //调用成员函数,计算并输出点到圆心距离
    return 0;
}
```

本程序的一次运行结果如下：

```
x_axis? y_axis? 8.6 9.3
(8.6,9.3)点与圆心相距 12.6669
释放(8.6,9.3)点
释放(0,0)点
```

7.1.3　对象与指针

在程序中,可以定义指向对象或者对象中成员的指针,就像定义指向变量的指针一样。实际上,每个类的成员函数中都隐含一个它本身类型的指针,称为 this 指针,可以在程序设计时直接使用。

另外,除了指向对象的指针之外,还可以定义对象的引用。对象指针和对象引用可以在函数之间传递对象时提高效率。

1.　指向对象的指针

指针可以指向变量,也可以指向对象。使用对象指针时,首先要把它指向一个已有的对象,然后才能以"间接方式"访问该对象。

建立对象时,系统会为每个对象分配存储空间,对象空间的起始地址就是对象的指针。可以定义指针变量来存放对象的指针。例如,

```
Point centre;                    //定义对象 centre
Point * p = & centre;            //指针 p 指向对象 centre
```

通过指针访问对象的成员要用运算符"→",例如,在语句

```
p→showPoint();
```

中,指针 p 访问了它所指向的对象的成员函数 showPoint()。

可以使用 new 运算符动态创建对象,例如,语句

```
Point * pp = new Point;
```

创建了一个 point 类对象并使指针 pp 指向它。

如果要释放 new 建立的对象,则需要用 delete 运算符。例如,语句

```
delete pp;
```

释放了指针 pp 所指向的对象

2. 指向对象中数据成员的指针

对象中的成员也有地址。定义指向对象的数据成员指针的一般形式为:

数据类型名 ∗指针变量名

例如,下面的语句定义了指针变量并使其指向对象的数据成员:

```
float * p1;                          //声明指针变量 p1
p1 = &centre.x;                      //使 p1 指向对象 centre 的数据成员 x
```

3. 指向对象中成员函数的指针

如果要定义指向某个对象中成员函数的指针变量,则应先按以下形式定义指针变量:

数据类型名(类名::∗指针变量名)(参数表列);

随后再按以下形式将公用成员函数的地址赋予指针变量:

指针变量名=&类名::成员函数名;

例如,

```
void (Point::p2)();                  //定义指向 Point 类中公用成员函数的指针变量 p2
p2 = & Point::showPoint;             //使 p2 指向 Point 类的公用成员函数 showPoint
```

这与定义指向普通函数的指针变量的方法有所不同。例如,

```
void ( * q) ();                      //定义指向 void 型函数的指针变量 q
q = swap;                            //入口地址赋予指针变量 q,即 q 指向 swap()函数
( * q)();                            //调用 swap()函数.
```

4. this 指针

this 指针是一个隐含于每个类的成员函数中的特殊指针,它指向正在操作的成员函

数的对象。当一个对象调用成员函数时，编译程序先将对象的地址赋予 this 指针，再调用成员函数。成员函数访问类中成员变量的格式可以写成：

this→成员变量

因为在成员函数中可以直接使用本对象内部的数据成员和成员函数，故 this 指针不是很常用。但在某些场合中，调用其他类的成员函数时，可能需要传送本对象的地址。Windows 程序设计中这种情况很多。

7.1.4　类的静态成员和友元

有时候，一个类的不同对象需要共享某个数据成员（或成员函数），可将其定义为静态数据成员（或成员函数）。这在一定程度上避免了定义为全局变量而造成的对于数据的封装性的破坏。

一般地，类的私有成员只能通过该类的成员函数来访问，这种封装性隐藏了对象的数据成员，保证了对象的安全。但某些情况下也需要从类的外部来访问类中的私有部分，解决的方法是，将一个类之外的某个函数或者另外的类声明为该类的"友元"，从而使得类之外的函数或者其他类也可以像该类的成员一样访问该类。

1. 静态数据成员

类中用关键字 static 修饰的数据成员称为静态数据成员。静态数据成员是类定义的部分，属于整个类，为该类的全体对象所共享。它们不会因为某个对象的建立而产生，也不会因为某个对象的失效而删除。

静态数据成员不属于任何一个具体对象，但任何一个对象在声明之前都需要静态变量有值，因此，静态数据成员必须初始化且不能在构造函数中进行。静态数据成员初始化的一般形式为：

<类型> <类名>::<静态数据成员> = <值>;

静态数据成员的初始化在类体之外进行，初始化时前面不加 static，也不加该成员的访问权限控制符 private、public 或 protected。

引用公有的静态数据成员的一般形式为：

<类名>::<静态数据成员>

类中定义的静态数据成员属于引用性声明，在使用静态数据成员之前，还必须进行定义性声明，也可同时初始化。通常，如果类中有静态数据成员，则将访问该成员的函数说明成静态的。

2. 静态成员函数

成员函数也可以是静态的，其定义方式与静态数据成员类似。

像静态数据成员一样,静态成员函数与一个类相关联,而不只与一个特定的对象相关联。有别于非静态成员函数,静态成员函数没有 this 指针,因为类的一个静态成员函数只有一个运行实例。正因为如此,静态成员函数只直接访问类中的静态成员,如果要访问类中的非静态成员,则须借助对象名或指向对象的指针。

调用静态成员函数的一般形式为

<类名>::<静态成员函数名>(<参数表>);

3. 友元

友元可以是一个函数(称为友元函数),也可以是一个类(称为友元类)。在类的内部,友元被当作该类的成员看待,不限制它们访问对象的公用部分。

(1) 一个类的友元函数是在该类中以关键字 friend 声明的函数,该函数有权访问类中所有的成员。声明一个友元的一般形式为

friend <类型> <友元函数名>(<形参表>);

在"形参表"中,通常包含一个与该友元函数是友元关系的类的引用的参数。

虽然友元是在类中声明的,但它的作用域却在类外。友元说明可以出现在类的私有部分、保护部分和公有部分,但这没有什么区别。将某个函数声明为一个类的友元只是允许该函数访问这个类的所有成员,而友元函数并非类的成员函数。

(2) 友元也可以是一个类。当一个类作为另一个类的友元时,意味着这个类的所有成员函数都是另一个类的友元函数。例如,如果在类 B 中进行如下的声明:

frined class A;

则类 A 中的任意一个成员函数都可以访问类 B 中的成员。当然前提是成员函数要有类 B 的参数,或在该成员函数中有类 B 的对象。

友元的作用是提高程序的运行效率,但从某种程度上讲,它破坏了类的封装性和隐藏性,使得非成员函数可以访问类的私有成员,因此在程序设计时应该严格限制使用。

7.1.5　类的常对象与常成员

前面介绍过 const 关键字,它可用于声明标识符常量、const 指针等。如果用它来修饰对象和类的成员,则将产生一些特殊的效果。

1. 常对象

如果定义对象时用 const 修饰,则所定义的为常对象。定义常对象时,可以采用以下两种形式之一:

<类名> const <对象名> [(初值)];
const <类名> <对象名> [(初值)];

也就是说，关键字 const 和"类名"可以互换位置。

使用常对象时，要注意以下几点：

（1）常对象的数据成员值在对象的整个生命期内不能改变。

（2）对于 const 对象，只能访问其中也用 const 修饰的成员函数。在 const 成员函数中，不能修改类中的任何数据成员的值。

（3）因为 const 对象不能重新赋值，故在创建对象时必须对该对象中的数据成员初始化。

2. 常数据成员

可以使用 const 来定义某个数据成员为常数据成员。如果一个类中定义了常数据成员，则构造函数就只能通过初始化列表对这些数据成员赋初值。

初始化列表位于函数参数表之后，但在函数体{}之前。也就是说，这个表中列举的初始化工作是在函数体内的所有代码执行之前进行的。例如，在下面 Shape 类的定义中，包含一个常数据成员 Size。它只能在构造函数中的初始化列表中获取初值，而不能在其函数体中进行。

```
class Shape
{    const int Size;                      //const 常量
     float Width;
     float Height;
public:
     Shape(int s,float w,float h):Size(s)  //只能在此初始化
     {    //Size = s;                       //在此初始化将出错
          Width = w;
          Height = h;
     }
};
```

类的常数据成员既可以是常量也可以是常引用，由于必须初始化，因此，类中这些常数据成员必须也只能通过构造函数的成员初始化列表来实现初始化工作。

3. 常成员函数

在类中使用关键字 const 说明的函数为常成员函数，它的一般说明形式是：

<类型><成员函数名><([参数表])> const;

const 是函数类型的一个组成部分，因此在函数的实现部分也要带关键字 const。

使用常成员函数时应该注意以下几点：

（1）常成员函数不能调用该类中的普通成员函数，因而也不能更新对象的数据成员。

（2）如果将一个对象设为常对象，则该对象只能调用它的常成员函数，而不能调用普通的成员函数，这是 C++ 在安全机制上的考虑。

4. 常类型的函数参数传递

将形参设置为 const 引用形参或 const 地址（指针）形参，可以保障不发生对形参的意外更改，从而安全快捷地传递对象。设函数形参为 const 型引用和指针的一般形式是：

const <类型说明符> & <引用名>
const <类型说明符> * <指针变量名>

7.2　程序解析

本章通过 5 个程序循序渐进地诠释类的定义以及对象的使用方法。

(1) 程序 7-1 的类中包含较少的数据成员和成员函数，诠释了类和对象的基本使用方法。

(2) 程序 7-2 的类中增加了数据成员和成员函数，并且使用了构造函数和析构函数，进一步诠释了类和对象的一般使用方法。

(3) 程序 7-3 的类中包含了几个不同数据类型的数据成员，使用了对象数组，说明了某些特殊情况下类和对象的使用方法。

(4) 程序 7-4 的类中，在保证安全的前提下，为了便于访问且减少代码而定义了公有的数据成员和静态数据成员，还使用了指向对象成员的指针，从而诠释了实际程序设计任务的复杂性和灵活性。

(5) 程序 7-5 的类中，通过构造函数的重载以及动态存储分配方式，进一步诠释了面向对象程序设计的基本特征。

程序 7-1　日期类

本程序的功能为，定义一个描述日期的类，创建该类的一个对象即一个日期，然后确定这个日期所属年份是否为闰年。

1. 算法分析

本程序中，按顺序完成以下操作：
(1) 定义描述日期的类，其中包括：
- 3 个数据成员：年、月、日。
- 4 个成员函数：构造日期、输出日期、获取年份、判断是否为闰年。
(2) 定义（创建）日期类的对象 myDay（一个日期）。
(3) 输出日期。
(4) 判断所属年份是否为闰年并输出相应信息。

2. 程序

按照以上操作步骤编写的程序如下：

```cpp
//程序7-1_日期类
# include < iostream >
using namespace std;
//定义日期类
class tDate{
public:
    void setDate( int y, int m, int d);
    void showDate( );
    int getYear( );
    bool isleap( );
private:
    int year, month, day;
};
//定义构造日期的成员函数 setDate()
void tDate::setDate( int y, int m, int d)
{   year = y;
    month = m;
    day = d;
}
//定义显示日期的成员函数 showDate()
void tDate::showDate( )
{   cout << year <<"年"<< month <<"月"<< day <<"日"<< cndl;
}
//定义判断是否为闰年的成员函数 isleap()
bool tDate::isleap( )
{   return (year % 4 == 0&&year % 100!= 0)||(year % 400 == 0);
}
//定义获取日期中年份的成员函数 getYear()
int tDate::getYear( )
{   return year;
}
//主函数：构造日期类的对象,判断是否为闰年并输出相关信息
int main( )
{   tDate myDay;
    int y, m, d;
    cout <<"年?月?日?"<< endl;
    cin >> y >> m >> d;
    myDay. setDate(y, m, d);
    cout <<"日期是: ";
    myDay. showDate( );
    if(myDay. isleap( ))
        cout << myDay. getYear( )<<"年"<<"是闰年!"<< endl;
    else
        cout << myDay. getYear( )<<"不是闰年!"<< endl;
```

```
    return 0;
}
```

3. 程序运行结果

本程序的一次运行结果如下：

```
年?月?日?
1996 8 23
日期是：1996 年 8 月 23 日
1996 年是闰年!
本程序的另一次运行结果如下：
年?月?日?
2001 7 18
日期是：2001 年 7 月 18 日
2001 不是闰年!
```

程序 7-2 日期时间类

本程序的功能为，定义一个描述日期和时间的类，创建一个属于该类的对象（至少包含年、月、日、时、分、秒），然后确定输出日期和时间。

1. 算法分析

本程序中，按顺序完成以下操作：
(1) 定义描述日期和时间的类 tDateTime，其中包括：

- 6 个数据成员，分别表示年、月、日、时、分、秒。
- 构造函数（与类同名）和析构函数（类名前加"～"作为函数名）。
- 成员函数 Show()，显示日期和时间。

(2) 定义（创建）日期类对象 Now。
(3) 输出日期和时间（按中国人的习惯指明时间段，如凌晨、中午等）。

2. 程序

按照以上操作步骤编写的程序如下：

```cpp
//程序 7-2 日期时间类
#include <iostream>
using namespace std;
//定义日期时间类 tDateTime
class tDateTime{
public:
    tDateTime(int y, int m, int d, int h, int mi, int s);
    ~tDateTime();
    void Show();
```

```
private:
    int year,month,day,hour,miniter,second;
};
//定义 tDateTime 类的构造函数
tDateTime::tDateTime(int y,int m,int d,int h,int mi,int s)
{   year = y;
    month = m;
    day = d;
    hour = h;
    miniter = mi;
    second = s;
    cout <<"调用构造函数创建对象!"<< endl;;
}
//定义 tDateTime 类的析构函数
tDateTime::~tDateTime()
{   cout <<"调用析构函数撤消对象!"<< endl;;
}
//定义 tDateTime 类的成员函数 Show()
void tDateTime::Show()
{   cout <<"日期: "<< year <<"年"<< month <<"月"<< day <<"日"<< endl;
    cout <<"时间: ";
    if(hour == 0)
        cout <<"午夜"<< 12 <<"点"<< miniter <<"分"<< second <<"秒"<< endl;
    else if(hour > 0 && hour <= 5)
        cout <<"凌晨"<< hour <<"点"<< miniter <<"分"<< second <<"秒"<< endl;
    else if(hour > 5 && hour < 12)
        cout <<"上午"<< hour <<"点"<< miniter <<"分"<< second <<"秒"<< endl;
    else if(hour == 12)
        cout <<"中午"<< hour <<"点"<< miniter <<"分"<< second <<"秒"<< endl;
    else if(hour > 12 && hour <= 6)
        cout <<"下午"<< hour <<"点"<< miniter <<"分"<< second <<"秒"<< endl;
    else
        cout <<"晚上"<< hour <<"点"<< miniter <<"分"<< second <<"秒"<< endl;
}
//输入日期、时间,创建并操作对象,撤消对象
int main()
{   int y,m,d,h,mini,s;
    cout <<"今天是: 年?月?日?";
    cin >> y >> m >> d;
    cout <<"现在是(~24): 时?分?秒?";
    cin >> h >> mini >> s;
    tDateTime Now(y,m,d,h,mini,s);
    Now.Show();
    return 0;
}
```

阅读或调试本程序时,特别要注意:

• 构造函数和析构函数都没有返回值。

- 构造函数可以有参数,析构函数则不能有参数。
- 构造函数和析构函数都是系统自动调用的。
- 最好使用 Visual C++的 debug 调试功能,仔细观察程序流程、类构造函数、析构函数以及成员函数的执行顺序。

3. 程序运行结果

本程序的一次运行结果如下:

今天是:年?月?日? 2014 8 23
现在是(0~24):时?分?秒? 5 19 39
调用构造函数创建对象!
日期:2014 年 8 月 23 日
时间:凌晨 5 点 19 分 39 秒
调用析构函数撤消对象!

程序 7-3　学生成绩类

本程序的功能为:

(1) 定义一个学生成绩类,其中几个数据成员分别表示学生的学号、姓名以及 3 门课程的考试成绩。

(2) 创建 5 个学生成绩类的对象,分别表示 5 位学生的信息。

(3) 计算每个人的总分,并输出按总分从小到大排序的学生成绩表以及每门课程都大于 85 分的学生的成绩表。

1. 算法分析

本程序中,按顺序完成以下操作:

(1) 定义描述学生成绩的类 Grade,其中包括:

- 6 个私有成员,均为数据成员。分别表示学生的学号、姓名、数学分、法学分、计算机分、总分。
- 构造函数(与类同名的公有成员),为所有数据成员赋初值。
- 6 个公有成员,均为成员函数,其中成员函数 setGrade()在创建对象时为各数据成员赋值;成员函数 Show()用于输出对象中各数据成员的值。成员函数 gctMath()、getLaw()、getComputer()以及 getTotal()分别用于获取几门课程的成绩以及总成绩。

(2) 定义(创建)学生类的对象数组 s[5]。

(3) 输入 5 位学生 3 门课的分数。

(4) 计算每位学生的总分。

(5) 输出按从小到排序的学生成绩表。

(6) 输出每门课程都在 85 以上的学生成绩表。

2. 程序

按照以上操作步骤编写的程序如下：

```cpp
//程序 7 - 3_学生成绩表
# include < iostream >
# include < cstring >
using namespace std;
//定义存放学生成绩表的 Grade 类
class Grade
{    //私有成员：数据域
    int ID;
    char Name[20];
    int Math;
    int Law;
    int Computer;
    int Total;
public:                                        //公有成员：成员函数
    Grade();                                   //声明构造函数
    void setGrade(int id,char * name,int math,int law,int computer); //声明数据域赋值函数
    void Show();                               //声明显示数据域的值的函数
    int getMath()                              //内联函数,获取数据域 Math 的值
    {    return Math;
    };
    int getLaw()                               //内联函数,获取数据域 Law 的值
    {    return Law;
    };
    int getComputer()                          //内联函数,获取数据域 Computer 的值
    {    return Computer;
    };
    int getTotal()                             //内联通函数,获取数据域 Total 的值
    {    return Total;
    };
};
//定义构造函数,为数据域赋初值
Grade::Grade()
{    ID = 0;
    strcpy(Name,"学生姓名");
    Math = 0;
    Law = 0;
    Computer = 0;
    Total = 0;
}
//定义 setGrade()函数,为数据域赋值
void Grade::setGrade(int id,char * name,int math,int law,int computer)
{    ID = id;
    strcpy(Name,name);
    Math = math;
```

```
        Law = law;
        Computer = computer;
        Total = math + law + computer;
}
//定义 Show()函数,显示数据域的值
void Grade::Show()
{       cout << ID <<"\t";
        cout << Name <<"\t";
        cout << Math <<"\t";
        cout << Law <<"\t";
        cout << Computer <<"\t";
        cout << Total << endl;
}
//主函数: 输入学生成绩、创建对象并输出成绩表
int main()
{       const int N = 5;
        int i = 0, j = 0;
        int id;
        char name[20];
        int math;
        int law;
        int computer;
        Grade s[N], tmp;
        cout <<"请输入"<< N <<"个学生的成绩: "<< endl;
        cout <<"学号?姓名?数学?法学?计算机?"<< endl;
        for(i = 0; i < N; i++)
        {       cin >> id >> name >> math >> law >> computer;
                s[i].setGrade(id, name, math, law, computer);
        }
        cout <<"按总分从小到大排序的成绩表: "<< endl;
        for(i = 0; i < N; i = i + 1)
                for(j = N - 1; j > i; j = j - 1)
                        if(s[j].getTotal() > s[j - 1].getTotal())
                        {       tmp = s[j];
                                s[j] = s[j - 1];
                                s[j - 1] = tmp;
                        }
        cout <<"学号姓名数学法学计算机总分"<< endl;
        for(i = 0; i < N; i++)
                s[i].Show();
        cout <<"每门课程都在 85 分以上的学生的成绩表: "<< endl;
        cout <<"学号   姓名   数学   法学   计算机   总分"<< endl;
        for(i = 0; i < N; i++)
        if(s[i].getMath() > 85 && s[i].getLaw() > 85 && s[i].getComputer() > 85)
                s[i].Show();
        return 0;
}
```

3. 程序运行结果

本程序的一次运行结果如下：

请输入 5 个学生的成绩：
学号? 姓名? 数学? 法学? 计算机?
1010 张京 86 90 87
1011 刘国 78 81 86
1012 王凤 85 84 91
1020 周怡 53 80 77
1031 郑洋 69 78 90
按总分从小到大排序的成绩表：

学号	姓名	数学	法学	计算机	总分
1010	张京	86	90	87	263
1012	王凤	85	84	91	260
1011	刘国	78	81	86	245
1031	郑洋	69	78	90	237
1020	周怡	53	80	77	210

每门课程都在 85 分以上的学生的成绩表：

学号	姓名	数学	法学	计算机	总分
1010	张京	86	90	87	263

程序 7-4 核对密码的学生成绩类

本程序的功能为：

（1）定义一个学生成绩类，其中几个数据成员分别表示学生的姓名、密码以及 3 门课程的考试成绩。

（2）创建两个学生成绩类的对象，分别表示两个学生的信息。

（3）输入口令以及需要查询的课程名称。如果口令正确，则输出相应课程的考试成绩，否则输出相应的提示信息。

1. 算法分析

本程序中，按顺序执行以下操作：

（1）定义描述学生成绩的类 Score，其中包括：

- 4 个私有成员的数据成员，分别表示：学生的密码、英语分、数学分和计算机分。
- 公有的数据成员，表示学生的姓名。
- 公有的成员函数，用于核对用户输入的密码并在核对无误时输出需要查询的某门课程的成绩。
- 公有的构造函数（与类同名），为所有数据成员赋值。

（2）定义函数，用于输入并存储所有学生的密码（将要创建的学生对象中表示口令的数据成员的值）。

(3) 创建两个 Score 类的对象,分别表示两个学生的情况(保存学生的姓名、口令以及 3 门课程的成绩)。

(4) 输入密码以及需要查询的课程名称,并在核对无误后输出该课程的分数。

本程序有 3 个地方值得注意:

第一,用公有数据成员表示学生的姓名,私有数据成员表示该学生的口令,这是由题目的性质所决定的。

第二,输入并保存密码的函数并非类的成员函数,但使用了静态的字符数组,以便 Score 类的所有对象来共享。

第三,密码核对无误后,通过返回相应成员的指针来取得指定课程的分数,这是最常见的成员指针的使用方法。

2. 程序

按照以上操作步骤编写的程序如下:

```cpp
//程序 7-4_核对密码查询学生成绩
#include <iostream>
#include <cstring>
#include <conio.h>
using namespace std;
//定义存放学生成绩表的 Score 类
class Score{
    char password[10];
    int english,math,physics;
public:
    char name[10];
    int Score::*get(char * item,char * pswd);
    Score(char * name,char * pswd,int engl,int math,int phys);
};
//定义构造函数
Score::Score(char * name,char * pswd,int engl,int math,int phys)
{   strcpy(Score::name,name);
    strcpy(password,pswd);
    english = engl;
    math = math;
    physics = phys;
}
//定义成员函数: 密码核对正确后,返回相应成员的指针来取得某课程成绩
int Score::* Score::get(char * item,char * pswd)
{   if(stricmp(pswd,password))
        return 0;                        //返回表示空指针
    if(stricmp(item,"english") == 0)
        return &Score::english;
    if(stricmp(item,"math") == 0)
```

```
        return &Score::math;
    if(stricmp(item,"physics") == 0)
        return &Score::english;
    return 0;                          //提倡返回表示空指针
}
//定义函数：输入并保存密码
char * getpswd(const char * name)
{   int i = 0;
    static char pswd[10];              //定义存放密码的静态字符数组
    cout << name <<"的口令?";
    while((pswd[i] = getch())!= '\r')
        if(i < 9)
            i++;
    pswd[i] = 0;
    cout <<" \n";
    return pswd;
}
//主函数：生成对象,输入口令,查询成绩
int main()
{   //创建两个对象
    Score Zhang("Zhang","000123abc",83,91,90);
    Score Li("Li","567800089",90,89,96);
    //一次查询
    char * pswd = getpswd(Zhang.name);
    int Score:: * p;                   //定义数据成员指针 p
    p = Zhang.get("english",pswd);
    if(p == 0)
        cout <<"口令或要查的内容不存在!\n";
    cout << Zhang.name <<"的英语成绩是: "<< Zhang. * p <<" \n";
    //另一次查询
    char * qswd = getpswd(Li.name);
    int Score:: * q;                   //定义数据成员指针 p
    q = Li.get("math",pswd);
    if(q == 0)
        cout <<"口令或要查的内容不存在!\n";
    cout << Li.name <<"的英语成绩是: "<< Li. * q <<" \n";
    return 0;
}
```

3. 程序运行结果

本程序的一次运行结果如下：

```
Zhang 的口令?
Zhang 的英语成绩是: 83
Li 的口令?
Li 的英语成绩是: -858993460
```

程序 7-5 矩阵的加减运算

本程序的功能为：

(1) 定义一个表示矩阵的类,其中几个数据成员分别表示：矩阵的行数、列数以及指向为矩阵动态分配的存储空间的指针变量。

(2) 定义两个将要进行加法与减法运算的矩阵(创建矩阵类的对象)以及将要存放运算结果的矩阵。

(3) 分别调用不同的成员函数,进行两个矩阵的相加与相减运算,并输出结果矩阵。

1. 算法分析

本程序中,按顺序执行以下操作：

(1) 定义表示矩阵的类,其中包括：

- 4 个私有成员的数据成员,分别表示矩阵的行数、列数以及指向为矩阵动态分配的存储空间的指针变量。
- 3 个公有的构造函数(重载),分别按不同的实参组合来创建对象(矩阵)。
- 公有的析构函数,释放矩阵对象(使用 delete 释放 new 分配的空间)。
- 3 个公有的成员函数,分别用于矩阵的加法、减法以及输出矩阵。

(2) 创建 3 个矩阵类的对象,分别表示将要进行加法与减法运算的矩阵(创建矩阵类的对象)以及将要存放运算结果的矩阵。

(3) 调用成员函数,执行矩阵加法运算并输出结果矩阵。

(4) 调用成员函数,执行矩阵减法运算并输出结果矩阵。

本程序中,应该特别注意构造函数的重载方法：其中 3 个构造函数分别按照不同的实参组合来创建对象：

- 构造函数 Mat()进行基本初始化工作：整型变量清 0,指针型变量置为 Null 值。
- 构造函数 Mat(int r,int c)为整型变量(行数、列数)赋值,按矩阵定义的大小动态分配存储空间并返回该空间的指针。
- 构造函数 Mat(int * m,int r,int c)按矩阵定义的大小动态分配存储空间,为矩阵的行数、列数赋值并将实际矩阵存放在所分配的存储空间中。

2. 程序

按照以上操作步骤编写的程序如下：

```
//程序 7-5_矩阵的加法和减法运算
#include<iostream>
using namespace std;
//定义矩阵类
class Mat{
private:
```

```cpp
        int row,col;
        int * elems;
public:
        Mat();
        Mat(int,int);
        Mat(int * ,int,int);
        ~Mat();
        Mat& matrixAdd(Mat &);
        Mat& matrixSub(Mat &);
        void matrixShow();
};
//构造函数：初始化_矩阵行数、列数为0,elems指针为空
Mat::Mat()
{    row = col = 0;
     elems = NULL;

}
//重载构造函数：初始化_矩阵行数、列数,动态分配存放矩阵的空间(行数×列数)
Mat::Mat(int r,int c):row(r),col(c)
{    elems = new int[row * col];              //elems指向动态分配的存储空间
}
//重载构造函数：动态分配存放矩阵的空间(行数×列数);矩阵各元素赋值
Mat::Mat(int * m,int r,int c):row(r),col(c)
{    elems = new int[row * col];
     for(int i = 0;i < row * col;i++)
          elems[i] = m[i];

}
//析构函数：删除动态分配的存储空间
Mat::~Mat()
{    delete []elems;
}
//成员函数：两矩阵相加
Mat & Mat::matrixAdd(Mat& b)
{    Mat * c = new Mat(row,col);
     for(int i = 0;i < row;i++)
        for(int j = 0;j < col;j++)
            c -> elems[i * col + j] = elems[i * col + j] + b.elems[i * col + j];
     return * c;
}
//成员函数：两矩阵相减
Mat & Mat::matrixSub(Mat &b)
{    Mat * c = new Mat(row,col);
     for(int i = 0;i < row;i++)
        for(int j = 0;j < col;j++)
            c -> elems[i * col + j] = elems[i * col + j] - b.elems[i * col + j];
     return * c;
}
//成员函数：显示矩阵
void Mat::matrixShow()
```

```
{    for(int i = 0;i < row;i++)
    {    for(int j = 0;j < col;j++)
            cout << elems[i * col + j]<<"\t";
        cout << endl;
    }
}
```
//主函数：形成两个矩阵，运算并输出结果
```
int main()
{    //定义将要进行加法和减法运算的矩阵
    int a[3 * 4] = { - 1, - 2, - 3, - 4,2,3,6,7,1,5,4,9},b[3 * 4] = {8,7,6,5,6,9,3,2, - 2,
- 6, - 1, - 3};
    //形成 3 个矩阵(表示矩阵类的 3 个对象)
    Mat aa(a,3,4),bb(b,3,4),resultMat(3,4);
    //调用成员函数,使两个矩阵相加
    resultMat = aa.matrixAdd(bb);
    cout <<"第一个矩阵: "<< endl;
    //调用成员函数,输出结果矩阵
    aa.matrixShow();
    cout <<"\n 第二个矩阵: "<< endl;
    bb.matrixShow();
    cout <<"\n 两个矩阵相加的结果:"<< endl;
    resultMat.matrixShow();
    //调用成员函数,两个矩阵相减并输出结果
    resultMat = aa.matrixSub(bb);
    cout <<"\n 两个矩阵相减的结果:"<< endl;
    resultMat.matrixShow();
    return 0;
}
```

3. 程序运行结果

本程序的运行结果如下：

第一个矩阵：

-1	-2	-3	-4
2	3	6	7
1	5	4	9

第二个矩阵：

8	7	6	5
6	9	3	2
-2	-6	-1	-3

两个矩阵相加的结果：

7	5	3	1
8	12	9	9
-1	-1	3	6

两个矩阵相减的结果：

−9	−9	−9	−9
−4	−6	3	5
3	11	5	12

7.3　实验指导

本章安排的 3 个实验各自完成以下任务：

实验 7-1，根据给定的程序或程序段回答问题、进行必要的修改并调试运行程序。

实验 7-2，按要求编写程序，再逐步添加构造函数、成员函数或者改变某些成员的定义，然后调试并运行程序。

实验 7-3，按要求编写程序，逐步添加或者改变某些成员，并调试运行程序。

通过本章实验，可以基本理解类和对象的概念以及它们在程序设计中的作用，基本掌握类定义的一般形式以及类中数据成员和成员函数的访问控制方法，基本掌握对象的定义以及利用构造函数来初始化对象的数据成员的方法。

实验 7-1　修改并运行程序

本实验中，需要改写并运行 6 个小程序，分别完成以下任务：

第 1，修改、完善数据成员的定义，然后测试程序。

第 2，编写成员函数，然后测试程序。

第 3，主要测试程序中构造函数的功能。

第 4，主要测试程序中析构函数的功能。

第 5，主要测试程序中对象指针的功能。

第 6，主要测试程序中对象构造函数的功能。

1. 修改并测试程序段

阅读给定程序段，按要求修改并测试该程序段。

【回答问题】

下列程序段中的错误是什么？产生错误的原因是什么？

```
Class Time
{   hour = 0;
    minute = 0;
    sec = 0;
}
```

【提示】　类不是实体，并不占用存储空间，故无法容纳数据。

【修改错误】

可以通过成员函数（可以是构造函数）来给数据成员赋值。修改后的程序段如下：

```
Class Time
{   int hour;
    _____①_____
public:
    void setTime(int hour, int minute, int sec)
{   hour = 0;
    _____②_____
}
}
```

请补全指定位置的代码,完成 Time 类的定义:

【完善程序段】

在上述定义 Time 类的程序段中添加一个头语句为

```
void showTime()
```

的函数,用于输出(显示)3 个数据成员。

【测试程序段】

在主函数中定义(创建)Time 类的对象 zero,然后调用 showTime() 函数输出它。

2. 为计数器类添加成员函数

下面是一个计数器类的定义,请添加相应的成员函数的定义。

```
class Calculator{
private:
    int value;
public:
    int x, y;
    Calculator(int number);
    void PlusOne();            //原值加上 1
    void MinusOne();           //原值减去 1
    int getValue();            //获取计数器的值
    int show();                //显示计数器的值
};
```

【添加成员函数的定义】

在 Calculator 类的定义中,私有数据成员 value 为当前计数值,公有数据成员 x 和 y 分别为计数的起始值和最大值。其中的成员函数按以下说明编写。

(1) 构造函数 Calculator(),当形参 number 的值大于数据成员 x 且小于数据成员 y 时,将其值赋予数据成员 value。

(2) 成员函数 PlusOne(),当数据成员 value 的值小于数据成员 y 时,其值加 1。

(3) 成员函数 MinusOne(),当数据成员 value 的值大于数据成员 x 时,其值减 1。

(4) 成员函数 getValue(),返回数据成员 value 的值,即函数体内有语句

```
return value;
```

（5）成员函数 show，显示并返回数据成员 value 的值。

【测试程序段】

在主函数中，

（1）定义 Calculator 类的对象 n1。

（2）输入 x 和 y 的值，分别为 1 和 100。

（3）计数 98 次，然后输出计数值。

（4）定义 Calculator 类的对象 n2。

（5）输入 x 和 y 的值，分别为 90 和 10。

（6）计数 83 次，然后输出计数值。

3. 测试有重载构造函数的程序

下面程序体现了重载构造函数的定义方法，说明程序执行的结果。

```
# include "stdafx.h"
# include < iostream >
using namespace std;
class Sample{
public:
    int x, y;
    Sample(){x = y = 0;}
    Sample(int a, int b){x = a; y = b;}
    void show()
    {    cout <<"x = "<< x <<", y = "<< y << endl;
    }
};
int main(){
    Sample s1(2,3);
    s1.show();
    return 0;
}
```

【运行程序】

程序运行后，观察运行的结果，并指出创建 s1 对象时调用了哪个构造函数。

【修改后再运行程序】

在主函数中添加以下语句：

```
Sample s2;
s1.show();
```

再次运行程序，观察运行的结果，并指出创建 s2 对象时调用了哪个构造函数。

4. 测试有析构函数的程序

下面程序体现了析构函数的定义方法，说明程序执行的结果。

```
#include <iostream>
using namespace std;
class Sample{
    int x,y;
public:
    Sample(){x = y = 0;}
    Sample(int a, int b){x = a;y = b;}
    ~Sample()
    {   if(x == y)
            cout <<"x = y"<< endl;
        else
            cout <<"x!= y"<< endl;
    }
    void show()
    {   cout <<"x = "<< x <<", y = "<< y << endl;
    }
};
void main()
{   Sample s1(2, 3);
    s1.show();
    return 0;
}
```

【运行程序】

程序运行后,观察运行的结果,并分析这个结果是如何产生的。

【修改后再运行程序】

在主函数中添加以下语句:

```
Sample s2;
s1.show();
```

再次运行程序,观察运行的结果,并分析这个结果是如何产生的。

5. 测试使用了对象指针的程序

下面程序体现了对象指针的使用方法,说明程序执行的结果。

```
#include <iostream>
using namespace std;
class Sample
{   int x,y;
public:
    Sample()
    {   x = y = 0;
    }
    Sample(int a, int b)
    {   x = a;
        y = b;
    }
```

```
    void show()
    {    cout <<"x = "<< x <<", y = "<< y << endl;
    }
};
int main()
{    Sample s(7,8),  * p = &s;
    p -> show();
    return 0;
}
```

【运行程序】

程序运行后,观察运行的结果,并分析使用对象指针调用成员函数的方法以及这种方法与使用对象名直接调用有什么区别。

【修改后再运行程序】

在主函数中添加下列语句：

```
Sample ss,  * q = &ss;
q-> show();
```

再次运行程序,观察运行的结果,并分析这个结果是如何产生的。

6. 测试包含对象构造函数的程序

下面程序体现了对象构造函数的调用情况,说明程序执行的结果。

```
# include < iostream >
using namespace std;
class Sample
{    int x;
public:
    Sample( int a)
    {    x = a;
        cout <<"构造对象：x = "<< x << endl;
    }
};
void function(int n)
{    static Sample object(n);
}
void main()
{    function(88);
    function(100);
}
```

【运行程序】

程序运行后,观察运行结果。

【修改后再运行程序】

将主函数中的两个语句调换位置,再观察运行结果。

对比两次运行的结果,说明静态对象的特点。

实验 7-2　人员类及其对象

按以下要求创建表示人员的 Member 类及其对象,并进行指定的操作:

(1) Member 类中包括以下成员:

- 3 个数据成员: Name、Age 和 Gender,分别表示姓名、年龄和性别。
- 成员函数 SetID,用于给 3 个字段赋值。
- 成员函数 IsAdult,用于判断是否为成年人,年满 18 岁即为成年人。

(2) member 类的两个对象分别为:

- "Wang"、17、false。
- "Li"、22、true。

其中 false 和 true 分别表示"女"和"男"。

(3) 判断两个对象(两个人)是否为成年人。

1. 编写程序

按下列要求定义 Member 类,创建其对象并调用其中的成员函数。

(1) Member 类定义的格式如下:

```
class Member{
私有成员:
    表示年龄的整型变量;
    表示性别的布尔型变量;
公有成员:
    表示姓名的字符型数组;
    无类型函数 setMember(),用于输入姓名、年龄、性别;
    布尔型函数 isAdult(),判断是否成年人(年满 18 岁);
};
```

(2) 主函数中的内容如下:

```
int main()
{   定义 Member 类的对象 Wang ;
    调用 setMember()成员函数,输入 Wang 的 3 个数据成员的值;
    调用 isAdult()成员函数,判断 Wang 是否为成年人,输出姓名及判断结果;
    定义 Member 类的对象 Li ;
    调用 setMember()成员函数,输入 Li 的 3 个数据成员的值;
    调用 isAdult()成员函数,判断 Li 是否为成年人,输出姓名及判断结果;
    return 0;
}
```

2. 运行程序

运行程序,并分析运行结果。

3. 添加输出对象数据成员的函数并运行程序

（1）在类的定义中添加一个公用的无参成员函数 showMember()，用于输出（显示）3个数据成员的值。

（2）在主函数中添加两个语句，分别输出 Member 类的两个对象 Wang 和 Li 的 3 个数据成员的值。

（3）再次运行程序，并分析运行结果。

4. 添加构造函数并运行程序

（1）在类的定义中添加一个无参构造函数，分别为 3 个数据成员赋 0 值、空（NULL）值以及空的字符串值。

（2）在主函数中添加 Member 类的对象 Zhang 的定义以及调用 showMember() 函数输出 Zhang 的 3 个数据成员的语句。

（3）再次运行程序，并分析运行结果，说明 Zhang 的 3 个数据成员的值是如何得来的。

5. 添加另一个构造函数(重载)并运行程序

（1）将 setMember() 成员函数改写为构造函数，函数原型为

```
Member(char * p, int, bool)
```

（2）改写 Wang 和 Li 两个对象的定义，直接使用构造函数为其数据成员赋值；
（3）再次运行程序，并分析运行结果。

6. 将数据成员都定义成私有成员并运行程序

如果将表示姓名的公有数据成员改定义为私有成员，则在主函数中，会因无法访问这个数据成员而不能输出姓名。应该如何解决这个问题？
想出解决的办法之后，改写程序并再次运行程序。

实验 7-3　椭圆类及其对象

本实验将按多种不同的方式编写并运行计算椭圆面积的程序。

1. 表示椭圆的 Ellipse 结构体

（1）按照第 4 章中结构体的定义和使用方法，定义一个名为 Ellipse 的结构体，其中包括 4 个 float 型的数据域，分别表示椭圆的外切矩形的左上角与右下角的坐标。
（2）声明两个 Ellipse 类型的结构体变量。
（3）输入顶点坐标，计算并输出椭圆的面积。

2. 表示椭圆的 Ellipse 类

(1) 定义名为 Ellipse 的类，其公有数据成员为椭圆外切矩形的左上角与右下角的坐标。

(2) 定义两个 Ellipse 类的对象。

(3) 输入顶点坐标，计算并输出椭圆的面积。

3. 给 Ellipse 类添加私有数据成员

(1) 定义名为 Ellipse 的类，其私有数据成员为椭圆外切矩形的左上角与右下角坐标，声明公有的成员函数访问椭圆外切矩形的顶点坐标。

(2) 定义两个 Ellipse 类的对象。

(3) 输入顶点坐标，计算并输出椭圆的面积。

4. 给 Ellipse 类添加构造函数

(1) 定义名为 Ellipse 的类：

- 私有的数据成员为椭圆外切矩形的左上角与右下角坐标。
- 构造函数 Ellipse(int,int,int,int)对椭圆外切矩形的顶点坐标赋值。
- 函数 Area()计算椭圆的面积。

(2) 定义两个 Ellipse 类的对象。

(3) 计算并输出椭圆的面积。

5. 重定义 Ellipse 类

设计并测试表示椭圆的类，其数据成员为圆心坐标以及半长轴和半短轴的长度，有一个构造函数初始化这些属性，还有一个成员函数计算椭圆的面积。

(1) Ellipse 类定义的格式如下：

```
class Ellipse{
私有成员:
    表示圆心坐标的浮点型变量 x 和 y;
    表示半短轴和半长轴的浮点型变量 a 和 b;
公有成员:
    构造函数,为圆心坐标、半短轴和半长轴赋值;
    成员函数 getCentre(),获取圆心坐标;
    成员函数 getShortLong(),获取短轴和长轴,
    成员函数 showArea(),输出椭圆面积;
};
```

(2) 定义两个 Ellipse 类的对象。

(3) 计算并按下面的格式输出椭圆面积：

圆心在(x,y),短轴为 2 * a,长轴为 2 * b 的椭圆的面积是: 3.1415926 * a * b.

第8章

类的继承性与多态性

面向对象程序设计过程中,通过类将数据以及操作数据的函数封装在一起,并通过类的继承性和对象的多态性来解决功能的修改和完善问题,从而有效地解决传统结构化程序设计方法难以解决的代码重用和维护等多种问题。

利用类的继承性,可以在基类(已有类)的基础上定义派生类(新的类),派生类继承基类的全体成员(数据成员和成员函数),并按需求添加新的成员。这样,不仅提高了软件的重用性,而且使得程序具有较为直观的层次结构,从而易于扩充、维护和使用。

多态的目的是为了接口重用。也就是说,无论传递过来的是哪个类(基类或多个不同的派生类)的对象,函数都能够通过同一个接口而调用适应各自对象的实现方法(函数)。类的多态性可以分为两种:静态多态性和动态多态性。前者通过函数重载或者运算符重载来实现,而后者是通过虚函数来实现的。

8.1 基本知识

继承性是面向对象程序设计的一个重要特征。通过类的继承,可以复用基类的代码,还可以在派生类中增加新的数据成员、成员函数,或者重定义基类中的成员函数(覆盖)而为之赋予新的意义,实现最大限度的代码复用。

C++中多态性的实现方式有函数重载、运算符重载和虚函数等。函数重载是指定义多个函数名相同而内容有别的函数,以便执行操作性质相似但所操作的对象(变量)有别的任务;运算符重载是对已有的运算符赋予多重含义,以便用于特定的用户自定义类型(比如类)的运算;虚函数一般是在基类中定义而在派生类中重新定义的成员函数,通过这种方式实现一个类族的不同类中的同名成员函数的多态行为。

8.1.1 派生类的定义

从已有类产生新类的过程称为派生。已存在的用于派生新类的类为基类或者父类。由已有类派生出的新类称为派生类或者子类。例如,从描述动物的类中,可以派生出描述哺乳动物的类,则动物是父类,哺乳动物是子类。

在 C++中,一个派生类可以从一个基类派生,也可以从多个基类派生。前者称为单继承,后者称为多继承。

1. 单继承派生类的定义

从一个基类派生出新类的一般格式为

```
class <派生类名>:<继承方式><基类名>
{
    <派生类新定义成员>
};
```

其中,派生类是按指定的继承方式从基类中派生的,继承方式有三种:
- 由关键字 public 指定的公用继承。
- 由 private 指定的私有继承。
- 由 protected 指定的保护继承。

如果未显式地使用关键字,则默认的继承方式为 private(私有继承)。在不同的继承方式下,派生类自身及其使用者对基类成员的访问控制权限不同。

定义派生类时,应该注意以下几点:

(1)在单继承中,每个类可以有多个派生类,但每个派生类只能有一个基类,从而形成树形结构。

(2)如果派生类中重定义的成员函数与基类中同名函数的参数表完全相同,则称为派生类"覆盖"了基类的成员函数。

（3）如果派生类中重定义的成员函数与基类中同名函数的参数表不完全相同，则称为派生类"重载"了基类的成员函数，这与同一个类中函数重载的情况相同，C++会根据调用时实参的不同而调用不同的函数。

2. 多继承派生类的定义

所谓多继承是指派生类具有多个基类，派生类与每个基类之间仍可看作为一个单继承。多继承时派生类的定义格式为

```
class<派生类名>:<继承方式1><基类名1>,<继承方式2><基类名2>, …
{
    <派生类新定义的成员>
}
```

其中包括两个或两个以上的"基类"名，各基类名之间用逗号隔开，在每个基类之前都应指明"继承方式"，默认的继承方式为 private。

3. 派生类和基类的关系

任何一个类都可以派生出多个新类，派生类也可以作为基类，派生出下一层的新类。例如，可以把从动物类中派生出来的哺乳动物类作为基类，派生出描述狗的类。这样，哺乳动物类又成为父类，狗类是它的子类。

基类与派生类之间的关系通常有以下几种情况：

（1）派生类是基类的具体化

类的层次结构在一定程序上反映了现实世界中某种真实的模型。其中基类是对若干个派生类的抽象，包含了派生类的公共属性（数据成员）和行为（成员函数）；而派生类是基类的具体实现，通过增加属性或行为将抽象类变为某种有用的类型。

（2）派生类是基类定义的延续

编程序时，往往先定义一个抽象基类，其中某些操作并未实现。然后定义非抽象的派生类，实现抽象基类中定义的操作。虚函数就可以在这种情况下使用。这时，派生类是抽象的基类的实现，可以看成是基类定义的延续。

（3）派生类是基类的组合

多继承时，一个派生类有两个或两个以上基类，这时派生类将是所有基类行为的组合。

8.1.2 派生类的继承方式

派生类继承了基类中除构造函数和析构函数之外的全部成员。通过不同的继承方式（public、private、protected 之一），派生类可以调整自身及其使用者对基类成员的访问控制权限（如图 8-1 所示）。简而言之，

- 私有成员始终为基类私有。

- 公有继承时,基类的公有成员和保护成员保持原有属性。
- 私有继承时,基类的公有成员和保护成员也成为派生类中的私有成员。
- 保护继承时,基类的公有成员和保护成员成为派生类中的保护成员。

注:保护成员意为,不能被外界引用,但可被派生类的成员引用。

		基类 private 成员	基类 protected 成员	基类 public 成员
	基类内部函数	可访问	可访问	可访问
	基类对象	不可访问	不可访问	可访问
private 继承方式	派生类内部函数	不可访问	可访问,转为 private	可访问,转为 private
	派生类对象	不可访问	不可访问	不可访问
protected 继承方式	派生类内部函数	不可访问	可访问,转为 protected	可访问,转为 protected
	派生类对象	不可访问	不可访问	不可访问
public 继承方式	派生类内部函数	不可访问	可访问,保持 protected	可访问,保持 protected
	派生类对象	不可访问	不可访问	可访问

图 8-1 三种继承方式的访问权限

一般来说,最常用的是公有继承,保护继承和私有继承只用于一些特殊的场合。

例 8-1 采用公有继承方式的派生类对象访问基类中的成员。

本程序按顺序完成以下任务:

(1) 定义基类 A,其中包括两个私有的数据成员和两个公有的成员函数。

(2) 定义采用公有继承方式的派生类 B,其中添加两个私有的数据成员和两个公有的成员函数。

(3) 在主函数中:

生成派生类 B 的对象。

调用基类 A 的公有成员函数,为继承自基类的数据成员赋值并输出基值。

调用派生类 B 的公有成员函数,为派生类自身的数据成员赋值并输出基值。

```
//例 8-1_公有继承时访问基类的成员
# include < iostream >
# include < string >
using namespace std;
//定义基类 A
class A{
public:
    void get()
    {   cout <<"编号?名称?";
        cin >> ID >> name;
    }
    void out()
    {   cout <<"编号: "<< ID << endl;
        cout <<"名称: "<< name << endl;
```

```
        }
    private :
        int ID;
        string name;
};
//定义派生类 B
class B:public A{
public:
    void getB()
    {    cout <<"子类中编号?子类中名称?";
        cin >> idB >> nameB;
    }
    void outB()
    {    //cout <<"num: "<< num << endl;        //不能引用基类的私有成员
        //cout <<"name: "<< name << endl;        //不能引用基类的私有成员
        cout <<"子类中编号: "<< idB << endl;      //引用派生类的私有成员
        cout <<"子类中名称: "<< nameB << endl;     //引用派生类的私有成员
    }
private:
    int idB;
    string nameB;
};
//主函数,生成派生类对象,输入输出数据
int main()
{    B objB;                                      //定义基类对象
    objB.get();                                   //引用基类的公用成员函数
    objB.getB();                                  //引用派生类自身的公用成员函数
    objB.out();                                   //引用基类的公用成员函数
    objB.outB();                                  //引用派生类自身的公用成员函数
    return 0;
}
```

可以看到,在派生类中,有两个试图访问基类中私有成员的语句(已用"//"符号变成了注释行),因为不符合规定而无法执行。

程序的一次运行结果如下:

编号? 名称? 01 基类对象
子类中编号? 子类中名称? 011 派生类对象
编号: 1
名称: 基类对象
子类中编号: 11
子类中名称: 派生类对象

8.1.3 派生类的构造函数和析构函数

派生类对象的数据成员中,有些是基类中定义的,还有些是派生类中定义的。另外,

派生类对象中还可能包含基类的对象（子对象）。由于构造函数不能继承,故当创建派生类对象时,除需调用派生类构造函数来初始化自身添加的数据成员之外,还必须调用基类构造函数来初始化基类所定义的数据成员,如果派生类中包含子对象,还应该包含初始化子对象的构造函数。

1. 派生类的构造函数

派生类构造函数的一般格式为

```
派生类名(<派生类构造函数总参数表>):
    <基类构造函数>(<参数表 1>), <子对象名>(<参数表 2>)
{
    <派生类中数据成员初始化>
};
```

其中,各种构造函数的调用顺序如下:

基类的构造函数→子对象类的构造函数→派生类的构造函数

2. 派生类的析构函数

删除一个对象时,将会调用派生类的析构函数。由于析构函数不能继承,故当执行派生类析构函数时,也会调用基类的析构函数。执行析构函数时的顺序与执行构造函数时相反:

执行派生类的析构函数→再执行基类的析构函数

3. 使用派生类构造函数时应注意的问题

派生类构造函数的定义中可以省略对基类构造函数的调用,其条件是在基类中必须有默认的构造函数或者根本没有定义构造函数。当然,如果基类中没有定义构造函数,那么派生类根本不必负责调用基类构造函数。

当基类的构造函数使用一个或多个参数时,派生类必须定义构造函数,提供将参数传递给基类构造函数的途径。在某些情况下,派生类构造函数的函数体可能为空,仅起到参数传递的作用。

例 8-2 基类、派生类的构造,析构函数的调用顺序。

本程序按顺序完成以下任务:

(1) 定义基类 Base,其中包括:

• 两个私有的数据成员 a、b。

• 构造函数:为两个数据成员赋值。

• 3 个成员函数:get_a()和 get_b()用于获取两个数据成员的值;display()用于显示数据成员 a、b 的值。

(2) 定义派生类 Derived,其中包括:

• 新增的私有数据成员 aa。

- 新增的私有基类对象成员 bb。
- 新增的构造函数：在初始化列表中为继承的两个数据成员 a、b 赋值，为新增的基类对象成员 bb 赋值；并在函数体中为新增的数据成员 aa 赋值。
- 新增的成员函数：重载的 get_a() 用于获取继承来的数据成员 a 的值；get_aa() 用于获取新增的数据成员 aa 的值；重载的 display() 用于显示派生类中所有数据成员的值。

（3）在主函数中，
- 定义派生类对象，并通过构造函数为所有数据成员赋值。
- 调用重载的成员函数 get_a() 获取继承的数据成员 a 的值。
- 调用重载的成员函数 display()，显示对象中所有数据成员。

```cpp
//例 8-2_派生类的构造函数与析构函数
#include <iostream>
#include <string>
using namespace std;
//基类
class Base
{   int a,b;                              //数据成员 a、b
public:
    Base(int x1,int x2)                   //构造函数：为数据成员赋值
    {   a = x1; b = x2;}
    int get_a(){    return ++a;}          //成员函数：取一数据成员值
    int get_b(){    return ++b;}          //成员函数：取另一数据成员值
    void display()                        //显示数据成员的值
    {   cout <<"基类 Base: a = "<< a <<", b = "<< b << endl;}
};
//派生类
class Derived: private Base
{   int aa;                               //新增数据成员 aa
    Base bb;                              //新增数据成员 bb(基类的对象)
public:
    //构造函数：初始化表为基类数据与新增对象赋值；函数体为新增数据赋值
    Derived(int x1,int x2,int x3,int x4,int x5):Base(x1,x2),bb(x3,x4)
    {   aa = x5;}
    int get_a(){    return Base::get_a();}
    int get_aa(){    return ++aa;}
    void display()
    {   Base::display();
        bb.display();
        cout <<"派生类 Derived: aa = "<< aa << endl;
    }
};
//主函数：创建并使用派生类对象
int main()
{   Derived objDerived(10,15,6,9,-8);     //派生类对象
    objDerived.get_a();                   //调用重载的成员函数,取一个基类的数据成员值
```

```
        objDerived.display();              //调用重载的成员函数,显示各数据成员值
        return 0;
    }
```

程序的运行结果如下：

基类 Base: a = 11, b = 15
基类 Base: a = 6, b = 9
派生类 Derived: aa = −8

8.1.4　重载

重载是实现多态性的一种手段,包含函数重载和运算符重载。函数重载是指同一个函数可用于操作不同类型的对象。运算符重载则是对某个已有的运算符赋予另一重含义,以便用于某种用户自定义类型(比如类)的运算。也就是说,

- 通过函数重载,可以对一个函数名定义多个函数(函数的参数类型有所不同)。
- 通过运算符重载,可以对一个运算符定义多种运算功能(参加运算的操作数类型有所不同)。

1. 函数重载

所谓函数重载是指一组功能类似但函数类型、参数个数或类型不同的函数可以共用一个函数名。当 C++ 编译器遇到重载函数的调用语句时,能够根据不同的参数类型或不同的参数个数自动选择一个合适的函数。重载函数体现了 C++ 对多态性的支持,实现了面向对象技术的"一个名字,多个入口"功能。

重载的实现是,编译器根据各函数中不同的参数表,对几个同名函数的名称进行修饰,使这些同名函数成为不同的函数(至少对于编译器来说是不同的)。例如,假定有两个同名的函数:

```
function func(p:integer):integer;
function func(p:string):integer;
```

则在编译器修饰之后,函数名称可能成为 int_func 和 str_func。对于这两个函数的调用,在编译期间就已经确定了,因而是静态的。也就是说,它们的地址在编译期间就绑定了。因此,也可以说重载并未实现真正的多态。

2. 运算符重载的概念

运算符重载是指同样的运算符可以施加于不同类型的操作数上,使得同样的运算符作用于不同类型的数据而导致不同的行为。

运算符重载的实质就是函数重载。在实现过程中,首先把指定的运算符表达式转化为对运算符函数的调用,运算对象转化为函数的形参,然后根据实参的类型来确定需要调用的函数,这个过程是在编译过程中完成的。

运算符重载有两种形式：重载为类的成员函数或者重载为类的友元函数。这两种形式的语法基本相同，但参数的使用有所不同。其一般语法为

```
<函数类型> operator <运算符>(<参数表>)
{
        <函数体;>
}
```

3. 运算符重载为类的成员函数

（1）假设 θ 为单目运算符，x 为类 T 的对象，如果需要重载运算符 θ 为类 T 的成员函数，用于实现表达式"θx"，则经过重载后，表达式"θx"就相当于函数调用

```
x.operatorθ()
```

（2）对于后置运算符"＋＋"和"－－"，如果要将它们重载为类 T 的成员函数，用于实现 x＋＋或 x－－，则函数参数要带一个整形（int）形参。重载后，表达式"x＋＋"和"x－－"就相当于函数调用

```
x.operator++(0) 和 x.operator -- (0)
```

（3）假设 θ 为双目运算符，如果要重载为类 T 的成员函数，实现表达式"$x\theta y$"，则函数只有一个形参，其类型为 y 所属类型，经过重载后，表达式"$x\theta y$"相当于函数调用

```
x.operator θ(y)
```

（4）假设 θ 为双目运算符，如果要重载为类 T 的成员函数，实现表达式"$x\theta y$"，函数有两个形参，则经过重载后，表达式"$x\theta y$"相当于函数调用

```
x.operatorθ(x,y)
```

4. 运算符重载为类的友员函数

（1）假设 θ 为单目运算符，x 为类 T 的对象，如果需要重载运算符 θ 为类 T 的友员函数，用于实现表达式"θx"，则经过重载后，表达式"θx"就相当于函数调用

```
operatorθ(x)
```

（2）对于后置运算符"＋＋"和"－－"，如果要将它们重载为类 T 的友员函数，用于实现 x＋＋或 x－－，重载后，表达式"x＋＋"和"x－－"就相当于函数调用

```
operator++(x,0) 和 operator -- (x,0)
```

运算符重载为友元函数时，需要在函数的指定类型名之前加上"friend"。运算符重载的规则如下：

- C++运算符中，大多数都可以重载，但只能重载 C++中已有的运算符。
- 重载之后的运算符的优先级和结合性都不改变。

- 可以改变原运算符操作数的个数。
- 不能改变运算符对预定义类型数据的操作方式。

8.1.5 虚函数

动态多态性通过虚函数来实现：在基类中将成员函数定义为虚函数；在一个或多个派生类中通过重定义实现具体的功能；并在程序运行时动态地确定操作的是哪个类的对象。也就是说，可以使用同样的接口访问不同的函数，实现"一个接口，多种方法"。

1. 虚函数的定义

定义虚函数的目的是，通过基类中指向派生类的指针来访问派生类中的同名覆盖成员函数，从而实现多态性。定义虚函数的一般格式为

```
class <类名>
{
public:
    virtual <返回类型> <函数名>(<参数表>);          //虚函数的声明
};
<返回类型> <类名>::<函数名>(<参数表>)              //虚函数的定义
```

其中，关键字 virtual 在基类中只使用一次，而在派生类中使用的是重载的函数名。另外，在派生类中重新定义虚函数时，函数的值和参数要与基类中的定义一致，否则就属于重载（参数不同）或错误。

注：多态的本质就是将子类类型的指针赋值给父类类型的指针，只要这样的赋值发生了，多态也就产生了，因为实行了"向上映射"。

例 8-3 虚函数的定义和调用。

本程序按顺序完成以下任务：

(1) 定义基类 Base，其中包括：

- 公有的成员函数 fun()。
- 公有的成员函数：虚函数 virFun()。

(2) 定义派生类 Derived，其中包括：

- 重新定义的公有成员函数 fun()。
- 重新定义的公有成员函数：虚函数 virFun()。

(3) 在主函数中，

- 定义基类对象及派生类对象。
- 定义指向基类对象的指针。
- 通过指针调用成员函数 fun()。此时，C++根据指针的指向自动选择调用基类中的成员函数。
- 通过指针调用定义为虚函数的成员函数 virFun()。此时，C++根据对象的种类自动选择调用基类中的虚函数。

- 改变指针的值，使其指向派生类对象。
- 通过指针调用成员函数 fun()。此时，C++根据指针的指向自动选择调用基类中的成员函数。
- 通过指针调用定义为虚函数的成员函数 virFun()。此时，C++根据对象的种类自动选择调用派生类中的虚函数。

注：如果基类和派生类都定义了"相同名字的成员函数"，那么通过对象指针调用成员函数时，到底调用哪一个函数，必须视该指针的原始类型而定，而非视指针实际所指的对象的类型而定。

```cpp
//例 8-3_虚函数的定义和调用
# include < iostream >
# include < string >
using namespace std;
//基类：定义虚函数
class Base{
public:
    void fun(){    cout <<"基类：函数 fun()"<< endl;}
    virtual void virFun(){ cout <<"基类：虚函数 virFun()"<< endl;}
};
//派生类：重定义虚函数
class Derived: public Base{
public:
    void fun(){    cout <<"派生类：函数 fun()"<< endl;}
    void virFun(){ cout <<"派生类：虚函数 virFun()"<< endl;}
};
//主函数：使用基类、派生类对象
int main(void)
{   Base aObj;                              //定义基类对象
    Derived bObj;                           //定义派生类对象
    Base * p = &aObj;                       //定义基类指针,指向基类对象
    p -> fun();                             //调用基类对象的函数
    p -> virFun();                          //调用基类对象的虚函数
    p = &bObj;                              //使基类指针指向派生类对象
    p -> fun();                             //调用派生类对象的函数
    p -> virFun();                          //调用派生类对象的虚函数
    return 0;
}
```

程序的运行结果如下：

```
基类：函数 fun()
基类：虚函数 virFun()
基类：函数 fun()
派生类：虚函数 virFun()
```

运行结果分析如下：

第 1 个 p→fun()和 p→virFuu()的结果容易理解：本身是基类指针，指向的又是基

类对象,因而调用的都是基类本身的函数。

第 2 个 p→fun() 和 p→virFuu() 则是基类指针指向派生类对象。体现了多态性的一般情况。执行 p→fun() 时,p 指向的是一个固定偏移量的函数,因而调用的只能是基类中 fun() 函数的代码;执行 p→virFuu() 时,因为 p 是基类指针,指向的 virFun() 是虚函数,并非直接调用函数而是通过虚函数列表(每个虚函数都有一个虚函数列表)找到相应函数的地址,所以,根据所指向的对象而选择的是派生类的 virFun() 函数的地址。

2. 虚函数的限制

(1) 应该在类层次结构中需要多态性的最高层的类之内声明虚函数。

(2) 派生类中与基类虚函数原型完全相同的成员函数,即使在声明时没有加上关键字 virtual 也会自动成为虚函数。

(3) 不能把静态成员函数、构造函数、内联函数和全局函数声明为虚函数。

(4) 通过声明虚函数来实现多态性时,派生类应该从它的基类公有派生。

(5) 只有在程序中使用基类类型的指针或引用调用虚函数时,系统才以动态联编方式实现对虚函数的调用,才能获得运行时的多态性。

3. 虚析构函数

可以声明虚析构函数,虚析构函数的声明语法为

```
virtual ~类名();
```

如果一个类的析构函数是虚函数,那么由它派生而来的所有子类的析构函数也是虚函数。使用虚析构函数之后,再使用指针引用时可以进行动态联编,实现运行时的多态,保证只要使用基类类型的指针就能够调用适当的析构函数指针对不同对象进行清理工作。

4. 纯虚函数与抽象类

纯虚函数是在基类中声明的虚函数,它在基类中没有定义,但要求任何派生类都要定义自己的实现方法。在基类中实现纯虚函数的方法是在函数原型后加“＝0”,也就是说,声明纯虚函数的一般格式为

```
virtual <返回类型> <函数名>(<参数表>) = 0;
```

带有纯虚函数的类是抽象类。抽象类的主要作用是为一个类族建立公共的接口,以便更有效地实现多态性。

注:这种接口与实现分离的机制提供了对类库的支持。Visual C++ 的基础类库(如 MFC)正是使用了这种技术。

(1) 如果某个类是从一个带有纯虚函数的类派生出来的,并且该派生类中未提供纯虚函数的定义,则这个纯虚函数在派生类中仍然是纯虚函数,因而这个派生类也是一个抽象类。

（2）不能声明抽象类的对象，但是可以声明抽象类的指针和引用。通过指针或引用，就可以指向并访问派生类对象，进而访问派生类的成员。

8.2 程序解析

本章解析5个程序：

第1个定义了点类以及公有继承自点类的直线类，通过其对象构造点和线，进行简单的计算并输出结果。

第2个定义了点类、公有继承自点类的圆类以及公有继承自圆类的圆柱类，通过其对象构造这几种几何图形，进行相应的计算并输出结果。

第3个定义了职工类和学生类以及公有继承自这两个类而派生出的工程硕士类，通过其对象存放相应的数据，再进行相应的输出操作。

第4个定义了两个同名函数，分别用于寻找两种不同类型的数组中的最大元素。通过重载实现"一个名称、两个入口"的功能。

第5个定义了抽象的图形类以及公有继承的3个派生类（圆类、矩形类、三角形类），通过求面积值函数的定义和调用实现类的多态性。

阅读和运行这5个程序，可以理解类的继承性、多态性以及函数和运算符重载的概念，掌握通过类的继承来实现代码重用的方法，掌握通过方法（类的成员函数）的多态来扩充程序适应范围的方法，从而进一步体验C++程序设计的一般方法。

程序 8-1　点类与直线类

本程序中，先定义点类，再以点类为基类派生出直线类，从基类中继承的点的数据表示直线的中点。

1. 算法分析

本程序中，按顺序完成以下操作：

（1）定义基类：点类 Point，其中包括：
- 两个数据成员：x 坐标、y 坐标。
- 一个无参构造函数，一个形参为坐标值的构造函数。
- 3 个成员函数：获取 x 坐标、获取 y 坐标、输出点。

（2）定义派生类：公有继承点类的直线类 Line，其中增加：
- 两个数据成员：直线段起点、直线段终点。
- 一个形参为直线段二端点的构造函数：在初始化列表中根据基类的 x 坐标和 y 坐标构造直线段中点；在函数体中初始化直线段的起点和终点。
- 一个成员函数：输出直线。

（3）主函数：

- 创建两个点类的对象：4 个数字构成两个点。
- 创建一个直线类的对象：上一步的两个点构成一条直线。
- 输出直线段：起点、终点、线段长度、线段中点。

2. 程序

按照以上操作步骤编写的程序如下：

```cpp
//程序 8-1_点类及直线类(派生类)
#include <iostream>
#include <cmath>
using namespace std;
//基类_点类
class Point{
public:
    Point():x(0),y(0){};                              //点类构造函数
    Point(double x0,double y0):x(x0),y(y0){};          //点类构造函数
    double getX(){ return x;}                          //点类成员函数：获取 x 坐标
    double getY(){ return y;}                          //点类成员函数：获取 y 坐标
    void showPoint();                                  //声明点类成员函数：输出点
private:
    double x,y;                                        //点类数据成员：x 坐标和 y 坐标
};
//定义基类(点类)成员函数：输出点
void Point::showPoint()
{   cout <<"Point:("<< x <<","<< y <<")";              //输出点
}
//派生类_(公有继承点类)直线类
class Line:public Point{
public:
    Line(Point pStart,Point pEnd);      //派生类构造函数
    double Length();                    //派生类成员函数：计算直线段长度
    void showLine();                    //派生类成员函数：输出直线(两个端点和直线长度)
private:
    class Point pStart,pEnd;            //派生类数据成员：直线二端点
};
//定义派生类构造函数：初始化直线二端点及中点(由基类数据成员描述)
Line::Line(Point aa,Point bb)           //初始化列表：线段中点赋值
        :Point((aa.getX() + bb.getX())/2,(aa.getY() + bb.getY())/2)
{   //函数体：线段二端点赋初值
    pStart = aa;
    pEnd = bb;
}
//定义派生类成员函数：计算并返回直线段的长度
double Line::Length()
{   double dx = pStart.getX() - pEnd.getX();
    double dy = pStart.getY() - pEnd.getY();
    return sqrt(dx * dx + dy * dy);
```

```
}
//定义派生类成员函数：输出直线段(两端点及长度)
void Line::showLine()
{    cout <<"线段起点：";
     pStart.showPoint();
     cout <<"\n 线段终点：";
     pEnd.showPoint();
     cout <<"\n 线段长度："<< Length()<< endl;
}
//主函数：构成两点,构成并输出线段
int main()
{    Point a(-3,5),b(9,8);              //两个点类对象
     Line myLine(a,b);                  //一个直线类对象
     myLine.showLine();                 //输出直线
     cout <<"线段中点：";
     myLine.showPoint();                //输出直线中点
     cout << endl;
     return 0;
}
```

3. 程序运行结果

本程序的运行结果如下：

```
线段起点：Point:(-3,5)
线段终点：Point:(9,8)
线段长度：12.3693
线段中点：Point:(3,6.5)
```

程序 8-2　点类、圆类与圆柱类

本程序中,先建立包含坐标点(x,y)的点类,以点类为基类派生出添加了半径的圆类,再以圆类为直接基类派生出添加了高的圆柱类。在每一个类中,都会重载运算符"<<",使得它能够输出该类的对象。

1. 算法分析

(1) 定义基类：点类 Point,其中包括：

• 两个数据成员：x 坐标、y 坐标。
• 构造函数,为 x 坐标和 y 坐标赋值。
• 两个成员函数：获取 x 坐标、获取 y 坐标。
• 重载运算符"<<",使得它能够输出点。

(2) 定义派生类：公有继承点类的圆类 Line,其中增加：

• 一个数据成员：半径 r。

- 构造函数，为圆心坐标 x、y 和半径 r 赋值。
- 4 个成员函数：为半径 r 赋值，获取半径 r 的值，计算圆周长，计算圆面积。
- 重载运算符"<<"，使得它能够输出圆。

（3）定义派生类：公有继承圆类的圆柱类 Cylinder，其中增加：

- 一个数据成员：高 h。
- 构造函数，为圆心坐标 x、y、半径 r 和高 h 赋值。
- 4 个成员函数：为高 h 赋值，获取高 h 的值，计算圆柱体表面积，计算圆柱体体积。
- 重载运算符"<<"，使得它能够输出圆柱体。

（4）主函数：

- 创建点类的对象，并输出这个点。
- 创建圆类的对象，并输出这个圆。
- 创建圆柱体类的对象，并输出这个圆柱体。
- 为圆柱体类对象的圆心坐标 x、y、半径 r 和高 h 重新赋值，并输出新的圆柱体。
- 定义点类的指针，用它来输出圆柱体类对象。
- 定义圆类的指针，用它来输出圆柱体类对象。

2. 程序

```cpp
//程序 8-2_点类、圆类(派生类)及圆柱类(再派生类)
#include <iostream>
using namespace std;
//基类_点类
class Point{
public:
    Point(double xx = 0, double yy = 0){ x = xx; y = yy; };
    void setPoint(double xx, double yy){ x = xx; y = yy; };
    double getX() const {return x;}
    double getY() const {return y;}
    friend ostream & operator <<(ostream &, const Point &);
protected:
    double x, y;
};
//重载运算符"<<",以便输出点"(x,y)"
ostream & operator <<(ostream &Show, const Point &p)
{   Show <<"("<< p.x <<","<< p.y <<")"<< endl;
    return Show;
}
//派生类_圆类(公有继承点类)
class Circle:public Point{
public:
    Circle(double xx = 0, double yy = 0, double rr = 0):Point(xx,yy),r(rr){};
    void setR(double rr){ r = rr; };
    double getR() const { return r; };
    double circumferen() const { return 2 * 3.1415926 * r; };
    double area() const { return 3.1415926 * r * r; };
```

```
        friend ostream &operator <<(ostream &,const Circle &);
protected:
        double r;
};
//重载运算符"<<",以便输出圆(圆心、半径、面积)
ostream &operator <<(ostream &Show,const Circle &c)
{    Show <<"圆心("<< c.x <<","<< c.y <<"),半径"<< c.r
         <<",周长"<< c.circumferen()<<",面积"<< c.area()<< endl;
     return Show;
}
//下一层派生类_圆柱类(公有继承圆类)
class Cylinder:public Circle{
public:
        Cylinder (double xx = 0, double yy = 0, double rr = 0, double hh = 0):Circle(xx,yy,rr),
h(hh){};
        void setH(double hh){    h = hh;};
        double getH() const { return h;};
        double area() const { return 2 * Circle::area() + 2 * 3.1415926 * r * h;};
        double volume() const {    return Circle::area() * h;};
        friend ostream& operator <<(ostream&,const Cylinder&);
protected:
        double h;
};
//重载运算符"<<",以便输出圆柱体(圆心、半径、面积)
ostream &operator <<(ostream &Show,const Cylinder& cy)
{    Show <<"圆心("<< cy.x <<","<< cy.y <<"),半径"<< cy.r <<",高"<< cy.h
         <<"\n 表面积"<< cy.area()<<",体积"<< cy.volume()<< endl;
     return Show;
}
//主函数：定义并操作点类、圆类和圆柱类对象
int main()
{    Point objP(2,3.5);                        //定义点类对象
     cout <<"点类对象: "<< objP;               //输出点类对象
     Circle objC(2,3.5,9.7);                   //定义圆类对象
     cout <<"圆类对象: \n"<< objC;             //输出圆类对象
     Cylinder objCy(2,3.5,9.7,15);             //定义圆柱类对象
     cout <<"圆柱类对象: \n"<< objCy;          //输出圆柱类对象
     objCy.setPoint(1.8,2.2);                  //调用圆柱类对象成员函数：为圆点赋值
     objCy.setR(9.3);                          //调用圆柱类对象成员函数：为半径赋值
     objCy.setH(18);                           //调用圆柱类对象成员函数：为高赋值
     cout <<"圆柱类对象重赋值: \n"<< objCy;   //输出重赋值后的圆柱类对象
     Point &pPoint = objCy;                    //定义点类指针,指向圆柱类对象
     cout <<"点类(间接基类)指针操作圆柱类对象: \n"<< pPoint;
     Circle &pCircle = objCy;                       //定义圆类指针,指向圆柱类对象
     cout <<"圆类(基类)指针操作圆柱类对象: \n"<< pCircle;
     return 0;
}
```

3. 程序运行结果

程序的运行结果如下:

点类对象: (2,3.5)
圆类对象:
圆心(2,3.5),半径 9.7,周长 60.9469,面积 295.592
圆柱类对象:
圆心(2,3.5),半径 9.7,高 15
表面积 1505.39,体积 4433.89
圆柱类对象重赋值:
圆心(1.8,2.2),半径 9.3,高 18
表面积 1595.24,体积 4890.89
点类(间接基类)指针操作圆柱类对象:
(1.8,2.2)
圆类(基类)指针操作圆柱类对象:
圆心(1.8,2.2),半径 9.3,周长 58.4336,面积 271.716

程序 8-3　　多重继承的工程硕士类

工程硕士类学生大多数都是某个企业或事业单位的在职职工,因而既有学生的属性,又有职工的属性。本程序中,将定义一个表示工程硕士的类并操作其对象。表示工程硕士的 enginMaster 类、公有继承表示职工的 employee 类和表示学生的 student 类。

1. 算法分析

(1) 定义基类 employee,其中包括:
- 4 个数据成员：eName、eAge、Job、Wage。
- 构造函数,为 4 个数据成员赋值。
- 一个成员函数,输出 4 个数据成员的值。

(2) 定义另一个基类 student,其中包括:
- 3 个数据成员：sName、sSex、Srore。
- 构造函数,为 3 个数据成员赋值。
- 一个成员函数,输出 3 个数据成员的值。

(3) 定义派生类 enginMaster,公有继承 employee 类和 student 类,其中增加:
- 一个数据成员：Fee(学费)。
- 构造函数：调用两个基类的构造函数,在初始化列表中为继承来的 6 个数据成员赋值;在函数体中为 1 个自有数据成员赋值。

(4) 主函数:
- 创建 enginMaster 类的对象数组,并为其中每个对象的数据成员赋初值。
- 循环输出对象数组中每个对象的数据成员。

2. 程序

```cpp
//程序 8-3_ 多继承的工程硕士类
# include < iostream >
# include < string >
using namespace std;
//定义教师类
class employee{
public:                                              //成员函数(公有成员)
    employee(string name, int age, string job, int wage)  //构造函数
    {    eName = name;
         eAge = age;
         Job = job;
         Wage = wage;
    }
    void eShow()                                     //成员函数: 输出数据成员
    {    cout <<"职工姓名: "<< eName <<" ";
         cout <<"职工年龄: "<< eAge <<" ";
         cout <<"工作岗位: "<< Job << endl;
         cout <<"工资: "<< Wage << endl;
    }
protected:                                           //数据成员(保护成员)
    string eName;
     int eAge;
     string Job;
    int Wage;
};
//定义学生类
class student{                                       //定义 Student 类
public:
    student(string name, char sex, float score)      //构造函数
    {    sname = name;
         sSex = sex;
         Score = score;
    }
    void sShow()                                     //成员函数: 输出数据成员
    {    cout <<"学生姓名: "<< sname <<" ";
         cout <<"学生性别: "<< sSex <<" ";
         cout <<"考试成绩: "<< Score << endl;
    }
protected:                                           //保护成员
    string sname;
    char sSex;
    float Score;
};
//定义多继承的工程硕士类
class enginMaster:public employee, public student{
public:                                              //自有成员函数
```

```
    enginMaster(string name,int age,char sex,string job,float score,float wage,float fee)
        :employee(name,age,job,wage),student(name,sex,score)
        {   Fee = fee; }                              //构造函数
    void show()                                       //成员函数:输出数据成员
    {   cout << eName <<'\t'<< eAge <<'\t'<< sSex <<'\t'<< Score <<'\t';
        cout << Job <<'\t'<< Wage <<'\t'<< Fee <<'\t'<< endl;
    }
private:
    float Fee;                                        //工资
};
//主函数:操作工程硕士类对象
int main()
{   //定义并初始化对象数组
    enginMaster master[5] = {   enginMaster("张京",26,'m',"技术",87,6800,12000),
                                enginMaster("王莹",27,'w',"会计",90,7000,123000),
                                enginMaster("李玉",27,'w',"文员",83,6500,11500),
                                enginMaster("刘凡",28,'m',"主管",75,8000,15000),
                                enginMaster("陈乾",26,'m',"技术",86,6800,12000)
                            };
    //输出对象数组
    cout <<"号"<<'\t'<<"姓名"<<'\t'<<"年龄"<<'\t'<<"性别"<<'\t'<<"成绩"<<'\t';
    cout <<"岗位"<<'\t'<<"工资"<<'\t'<<"学费"<< endl;
    for(int i = 0;i < 5;i++)
    {   cout << i <<'\t';
        master[i].show();
    }
    return 0;
}
```

3. 程序运行结果

本程序的运行结果如下:

号	姓名	年龄	性别	成绩	岗位	工资	学费
0	张京	26	m	87	技术	6800	12000
1	王莹	27	w	90	会计	7000	123000
2	李玉	27	w	83	文员	6500	11500
3	刘凡	28	m	75	主管	8000	15000
4	陈乾	26	m	86	技术	6800	12000

程序 8-4   通过函数重载求数组中最大元素

本程序中,使用函数的重载分别找出不同类型的数组中的最大元素:

- 自定义两个同名函数,分别采用递归算法与打擂台算法来找出数组中的最大元素。

- 主函数中,通过不同的参数组合来调用函数,由系统根据参数的个数以及各参数的数据类型来确定调用哪个函数。

从而达到"一个名字,多个入口"的效果。

1. 算法分析

（1）定义求整型数组中最大元素的函数 maxElememt

本函数采用递归算法：

- 如果数组 a 只有一个元素,则它本身就是最大元素。
- 要找出 a[first]…a[last]中的最大元素,可先找出 a[first+1]…a[last]中的最大元素,然后与 a[first]比较,得递归定义：

  maxElement(a [first], maxElement(a[first+1])… a[last])

- 递归过程的结束条件是：first==last。

（2）定义求双精度型数组中最大元素的同名函数 maxElememt

本函数采用打擂台算法：

① 设 max 为最大数,初值：max=a[0]。

循环次数为 i,初值：i=0。

② 判断 max<a[i]?

是则 max=a[i]。

③ i=i+1。

④ 判断 i<数组元素个数?

是则转向②。

⑤ 返回 max。

（3）编写主函数

① 定义整型数组：A[]={5,4,11,8,10,−2,9}。

定义双精度型数组：B[]={2.3,1.8,−1.5,3.5,−2.8,6,8.3,10.9,5.4}。

② 以参数组合(A,0,6)调用 maxElememt,寻找并输出 A 中最大元素。

以参数组合(B,8)调用 maxElememt,寻找并输出 B 中最大元素。

③ 算法结束。

2. 程序

```
//程序 8-4_ 函数重载求数组中最大元素
# include < iostream >
using namespace std;
//函数(递归算法)：找整型数组中最大元素
int maxElement(const int a[], int first, int last)
{    int max;
     if(first == last)
         return a[first];
     else
     {    max = maxElement(a, first + 1, last);
```

```
            if(a[first]>= max)
                return a[first];
            else
                return max;
        }
}
//函数(打擂算法):找浮点型数组中最大元素
double maxElement(const double a[ ],int count)
{   double max = a[0];
    for(int i = 0;i < count;i++)
        if(max < a[i])
            max = a[i];
    return max;
}
//主函数:按参数类型调用相应函数求最大元素
int main()
{   int A[ ] = {5,4,11,8,10, - 2,9};
    double B[ ] = {2.3,1.8, - 1.5,3.5, - 2,8.6,8.3,10.9,5.4};
    cout <<"数组 A 中最大元素: "<< maxElement(A,0,6)<< endl;
    cout <<"数组 B 中最大元素: "<< maxElement(B,8)<< endl;
    return 0;
}
```

3. 程序运行结果

本程序运行结果如下:

```
数组 A 中最大元素: 11
数组 B 中最大元素: 10.9
```

程序 8-5　抽象图形类以及圆、矩形和三角形类

本程序按以下要求编写程序,计算 3 种不同图形的面积:

(1) 定义表示图形的抽象基类 Shape。

(2) 由 Shape 类派生出 3 个新类:表示圆的 Circle 类、表示矩形的 Rectangle 类和表示三角形的 Trangle 类。

(3) 定义一个计算并输出面积值的函数,其中调用不同对象中计算面积值的同名函数,分别计算并输出 3 种不同图形的面积(计算所需要的数据在定义对象时给出)。

1. 算法

(1) 定义基类:图形类 Shape,其中包括公有的纯虚函数 area()。

(2) 定义派生类:公有继承 Shape 类的圆类 Circle,其中增加:

- 私有的数据成员:半径 r。

- 公有的构造函数，为半径 r 赋值。
- 重定义的公有虚函数 area()，计算圆面积。

（3）定义派生类：公有继承 Shape 类的矩形类 Rectangle，其中增加：
- 私有的数据成员：矩形的宽 w、高 h。
- 公有的构造函数，为宽 w 和高 h 赋值。
- 重定义的公有虚函数 area()，计算矩形面积。

（4）定义派生类：公有继承 Shape 类的矩形类 Triangle，其中增加：
- 私有的数据成员：三角形的宽 w、高 h。
- 公有的构造函数，为宽 w 和高 h 赋值。
- 重定义的公有虚函数 area()，计算三角形面积。

（5）定义一个计算并输出面积值的函数 outArea()，其中调用当前对象的 area() 函数，计算并输出指定图形的面积。

（6）主函数：
- 定义圆类的对象（实参给出半径），调用 outArea() 函数计算并输出圆的面积。
- 定义矩形类的对象（实参给出宽和高），调用 outArea() 函数计算并输出矩形的面积。
- 定义三角形类的对象（实参给出宽和高），调用 outArea() 函数计算并输出三角形的面积。

2. 程序

```
//程序 8-5_图形基类及几种图形派生类
# include < iostream >
using namespace std;
//抽象基类 Shape
class Shape{
public:
    virtual double area() const = 0;                    //纯虚函数
};
//派生类 Circle
class Circle:public Shape{
public:
    Circle(double rr):r(rr){}
    virtual double area() const { return 3.1415926 * r * r;};   //定义虚函数
protected:
    double r;                                           //数据成员：圆的半径
};
//派生类 Rectangle
class Rectangle:public Shape{
public:
    Rectangle(double ww,double hh):w(ww),h(hh){}
    virtual double area() const { return w * h;}         //定义虚函数
protected:
    double w,h;                                         //数据成员：矩形的宽与高
```

```
};
//派生类 Triangle
class Triangle:public Shape{
public:
    Triangle(double ww,double hh):w(ww),h(hh){}
    virtual double area() const { return 0.5 * w * h;}      //定义虚函数
protected:
    double w,h;                                             //数据成员：三角形的宽与高
};
//函数：输出面积
void outArea(const Shape &s)
{   cout << s.area()<< endl;
}
//主函数：定义并操作几种图形类的对象
int main()
{   Circle objCir(10.9);                                    //定义圆类对象
    cout <<"圆面积";
    outArea(objCir);                                        //输出圆面积
    Rectangle objRec(5.6,9);                                //定义矩形类对象
    cout <<"矩形面积";
    outArea(objRec);                                        //输出矩形面积
    Triangle objTri(6.7,10);                                //定义三角形类对象
    cout <<"三角形面积";
    outArea(objTri);                                        //输出三角形面积
    return 0;
}
```

3. 程序运行结果

本程序的运行结果如下：

```
圆面积 373.253
矩形面积 50.4
三角形面积 33.5
```

8.3 实验指导

本章安排 3 个实验：派生类的定义和使用方法；函数重载和运算符重载的方法；虚函数与抽象类实现动态多态性的方法。

通过这些实验，可以更好地理解类与对象的特点和使用方法；理解类的继承性的概念和重要意义，掌握通过类的继承性来模拟现实以及实现代码重用的一般方法；理解类的多态性的概念和重要意义，掌握通过重载以及虚函数和抽象类来实现多态性的一般方法。

实验 8-1　类的继承性

本实验运行 3 个程序：第 1 个给出了包含错误的源代码，需要改正错误后才能运行；第 2 个给出了全部源代码，运行后回答相应的问题即可；第 3 个需要按照要求自行编写源代码，然后运行它。

1. 修改并运行程序

（1）阅读程序，指出其中的错误以及产生错误的原因：

【提示】　注意派生类的继承方式以及对基类对象的成员函数的访问限制。

```cpp
# include < iostream >
using namesapce std;
class A{
    int x;
public:
    A( int xx){ x = xx;}
    void add( int xa){ x += xa;}
    void show(){ cout <<"基类 A. x: = "<< x << endl;}
}
class B: private Point{
    int width;
public:
    B( int x, int ww):A(x) { ww = width;}
    void showB()
    {    show();
         cout <<"派生类 B. width: = "<< width << endl;
    }
}
int main()
{    B objB(3,5);
     objB. add(8);
}
```

（2）可按两种方法之一修改程序，使其能够运行：
- 改变继承方式，使得派生类对象可以访问基类的成员函数。
- 在派生类中重新定义不能访问的基类的成员函数。

（3）在主函数中添加语句，调用 showB()函数，显示相关内容。

（4）运行修改过的程序。

2. 运行程序并回答问题

（1）运行程序：

```cpp
# include < iostream >
```

```
using namespace std;
class A
{    int ia;
   protected: int ja;
   public: void fa(){ cout <<"基类 A"<< endl; }
};
class B:public A
{    int ib;
   protected: int jb;
   public: void fb(){ cout <<"派生类 B"<< endl; }
};
class C:public B
{    int ic;
   protected: int jc;
   public: void fc(){ cout <<"下一级派生类 C"<< endl; }
};
int main()
{    A aObj; B bObj; C cObj;
    aObj.fa();
    bObj.fa(); bObj.fb();
    cObj.fa(); cObj.fb(); cObj.fc();
    return 0;
}
```

(2) 回答问题:

① 从运行结果中,可以得出关于公有继承的什么结论?

② 派生类 B 的成员函数 fb 能否访问基类 A 的数据成员 ia 和 ja? 为什么?

③ 派生类 B 的对象 bObj 能否访问基类 A 的数据成员 ia 和 ja? 为什么?

④ 派生类 C 的成员函数 fc 能否访问直接基类 B 的数据成员 ib 和 jb? 能否访问间接基类 A 的数据成员 ja 和 ia?

⑤ 派生类 C 的对象 cObj 能否访问直接基类 B 的数据成员 ib 和 jb? 能否访问间接基类 A 的数据成员 ja 和 ia?

3. 编写并运行程序

【程序的功能】

定义表示飞行器的基类 TairCraft 以及公有继承 TairCraft 类的派生类 Tairplane 和 Thelicopter,分别表示飞机和直升飞机。

【程序设计步骤】

(1) 定义表示飞行器的基类 TairCraft,包括以下成员:

- 两个保护数据成员:表示型号的字符串变量 Model、表示乘客数的整型变量 Passengers。
- 构造函数:为两个数据成员赋初值。
- 表示性能的 4 个公有成员函数:Takeoff、Land、Climb、Descend,分别表示起飞、降落、爬升和下降。用于输出相关信息（"起飞时间"、"爬升高度"等）。

- 获取数据成员的两个公有成员函数：getModel、getPassengers。
- 输出数据成员的公有成员函数：craftShow。

（2）定义表示飞机、公有继承自 TairCraft 类的派生类 Tairplane：

- 添加两个数据成员：表示起飞地的字符串变量 Departure、表示目的地的字符串变量 Destination。
- 添加自身的公有构造函数：在初始化列表中调用基类构造函数为继承自基类的数据成员赋初值；在函数体中为自有数据成员赋初值。
- 添加获取自身数据成员的函数：getDeparture、getDestination。
- 添加输出所有数据成员（继承的及自有的）的公有成员函数：planeShow。

（3）定义表示直升飞机、公有继承自 TairCraft 类的派生类 Thelicopter，

- 重定义两个公有的成员函数：Takeoff、Land，分别用于输出相关信息（内容自拟）。

（4）编写主函数，主函数的定义形式如下：

```
int main()
{   创建 Tairplane 类的对象 airplay(数据自拟);
    调用 playShow 函数,输出 airplay 对象的数据成员;
    调用 Takeoff 函数和 Land 函数,输出 airplay 对象的相关信息;
    创建 Thelicopter 类的对象 helicopter(数据自拟);
    调用 playShow 函数,输出 helicopter 对象的数据成员;
    调用 Takeoff 函数和 Land 函数,输出 helicopter 对象的相关信息;
    return 0;
}
```

（5）在 Visual C++控制台工程中，输入并运行该程序。

实验 8-2 函数重载与运算符重载

本实验编写并运行 3 个程序：第 1 个通过函数重载实现不同数据类型的两个变量的互换；第 2 个通过重载＋＋运算符实现时间（分∶秒）的加 1 秒；第 3 个通过重载＝＝、＞和＜运算符实现字符串比较。

1. 通过函数重载交换两个数据

【程序的功能】

通过函数重载实现两个不同数据类型（整型、双精度型、字符串）数据的互换。

【程序设计步骤】

（1）编写两个整型数互换的函数 Swap。

（2）编写两个双精度型数互换的同名函数 Swap。

（3）编写两个字符串变量互换的同名函数 Swap。

(4) 编写主函数,分别互换以下三组数据:

- a＝10,b＝9;
- x＝－10.5,b＝9.3;
- s＝"abbcccdef1234567890",t＝"ABBCCCDEF0987654321"

(5) 在 Visual C++控制台工程中运行程序。

2. 模拟秒表

【程序的功能】

模拟秒表,每次走 1 秒,满 60 秒进 1 分钟,此时秒又从 0 开始算。

要求:输出分和秒的值。

【程序设计步骤】

(1) 定义 Time 类,包含:

- 数据成员 minute(分)、second(秒)。
- 构造函数 Time,为 minute 和 second 赋初值。
- 重载＋＋运算符:使其具有加 1 秒的功能:

  second 加 1 后,若满 60 则 minute 加 1,同时 second－60。
- 显示秒表(minute、second 的值)。

(2) 编写主函数

填充适当的代码,补全以下主函数的定义:

```
int main()
{    Time t1(31,54);                          //31 分 54 秒
     for(_____①_____)
     {    ++t1;
          _____②_____.display();
     }
     return 0;
}
```

(3) 在 Visual C++控制台工程中运行程序。

3. 字符串的关系运算

【程序的功能】

定义字符串类 String,存放不定长字符串(动态分配存储空间)。

重载运算符＝＝(等于),＜(小于)和＞(大于),用于两个字符串的等于、小于和大于的比较,并在类中适当添加其他的成员函数完成所有操作。

【程序设计步骤】

(1) 定义 Text 类,包含:

- 私有成员:数据,指向字符串的指针 * ptr。
- 公有成员:构造函数,为字符串动态申请存储空间,并使 ptr 指向它。

- 公有成员：析构函数，释放 ptr 指向的字符串。
- 公有成员：显示字符串的成员函数。
- 公有成员：重载运算符＝＝，用于判断两个字符串是否相等。
- 公有成员：重载运算符＞，用于判断左边串是否大于右边串。
- 公有成员：重载运算符＜，用于判断左边串是否小于右边串。

（2）编写主函数。

下面是主函数的内容，可供定义 text 类时参考。

```
int main()
{   char str[45];
    cout <<"第 1 个字符串? ";
    cin.getline(str,45);
    Texs s1(str);                           // 定义字符串对象
    cout <<"第 2 个字符串? "
    cin.getline(str,45);
    Text s2(str);                           // 定义字符串对象
    cout <<"\n 要比较的串及比较结果: "<< endl;
    cout <<"s1:"<< s1.display()<< endl;
    cout <<"s2:"<< s2.display()<< endl;
    if(s1 == s2)                            // 字符串相等比较
        cout <<"s1 = s2"<< endl;
    else if(s1 > s2)                        // 字符串大于比较
        cout <<"s1 > s2"<< endl;
    else
        cout <<"s1 < s2"<< endl;
    return 0;
}
```

（3）在 Visual C++控制台工程中运行程序。

实验 8-3　虚函数与抽象类

1. 输出字符拼成的矩形、三角形和菱形图案

【程序的功能】

通过类的多态性显示用字符"＊"拼凑而成的矩形图案、三角形图案或菱形图案。

要求：用基类指针指向派生类对象，调用其成员函数显示图案。

【程序设计步骤】

（1）定义表示图案的基类 jigsaw

其基本形式如下：

```
class jigsaw{
public:
    构造函数 jigsaw()
    析构函数~jigsaw()
```

显示字符图案的虚函数 virtual void show()
};

（2）定义表示矩形图案的派生类 Rectangle

其基本形式如下：

```
class Rectangle:public jigsaw{
public:
    构造函数 Rectangle()
    析构函数～Rectangle()
    显示矩形字符图案的虚函数 void show()
};
```

（3）定义表示三角形图案的派生类 Triangle

其基本形式如下：

```
lass Triangle:public jigsaw{
public:
    构造函数 Triangle()
    析构函数～Triangle()
    显示三角形字符图案的虚函数 void show()
}
```

（4）定义表示菱形图案的派生类 Diamond

其基本形式如下：

```
class Diamond:public jigsaw{
public:
    构造函数 Diamond()
    析构函数～Diamond()
    显示菱形字符图案的虚函数 void show()
};
```

（5）编写主函数

其基本形式如下：

```
int main()
{   定义分属于 4 个类的对象
    定义基类指针 p
    使 p 逐个指向各派生类对象,通过 p 访问派生类成员函数 show()
    return 0;
}
```

（6）在 Visual C++控制台工程中运行程序

2. 构造广义表

【程序的功能】

广义表是线性表的推广。广义表也是 n 个数据元素 d_1、d_2、d_3、…、d_n 的有限序列,但

线性表中的所有元素都是单个元素，而广义表中的 d_i 既可以是单个元素，也可以是一个广义表，记作

$$GL=(d_1,d_2,d_3,\cdots,d_n)$$

其中，GL 是广义表的名字，n 是广义表的长度。

本程序中，先定义一个只包含广义表中单个字符的类，该类提供一个输出字符的函数；再由该类派生出广义表类，同时定义一个插入函数和输出广义表的函数；然后在主函数中构造和输出广义表。

注：广义表可以自递归或者间接递归，这种情况可能会导致广义表输出函数陷入无穷递归。

【程序设计步骤】

（1）定义表示广义表中单个字符的类 Elems

其基本形式如下：

```
class Elems{
    char c;
    Elems * n;
public:
    构造函数：为数据成员赋值
    输出函数 show：输出 c
    获取 n 值函数 getn：返回 n 值
    设置 n 值函数 * setn：返回 n 值
};
```

（2）定义表示广义表的派生类 gList

其基本形式如下：

```
class gList{
    Elems * e;
public:
    构造函数：初始化列表中调用基类构造函数为继承自基类的数据成员赋值
             函数体中为自身数据成员赋值
    输出函数 show：输出广义表
    获取广义表函数 &join：返回广义表
};
```

（3）编写主函数

其内容如下：

```
int main()
{   Elems a('a'),b('b'),c('c'),x('x'),y('y');
    gList A('A'),B('B'),C('C');
    A.join(&a); A.join(&b); A.join(&c);
    A.show(); cout <<" ";
    B.join(&a); B.join(&A); B.join(&x);
    B.show(); cout <<" ";
    C.join(&b); C.join(&B); C.join(&y);
```

```
    C.show();
    cout << endl;
    return 0;
}
```

（4）在 Visual C++控制台工程中运行程序

程序运行结果如下：

```
A(c,b,a)  B(x,A(c,b,a),a)  C(y,B(x,A(c,b),a),b)
```

第 9 章

模板、异常处理和命名空间

　　模板用于定义逻辑结构相同的数据对象的通用行为。函数模板可用于建立通用函数,其中函数本身及其形参的数据类型都用虚拟的数据类型变量来代表。调用函数时,由系统根据实参的类型来取代模板中的虚拟类型,从而实现不同函数的功能。类模板可用于建立通用类,其中数据成员的类型、成员函数的返回类型和参数类型都用虚拟类型来代表。在使用类模板建立对象时,由系统以实参类型取代类模板中的虚拟类型,从而实现不同类的功能。

　　异常处理机制是管理程序运行期间出现的错误的一种机制,其基本思想是将异常的检测与处理分离:在某个函数执行过程中出现错误而本身无法处理时抛出异常,由调用它的上一级函数(或者更上一级,直到系统)来处理。

　　命名空间是由用户命名的内存区域。每个命名空间代表一个不同的命名空间域,用户可以根据需要指定一些有名字的空间域,将全局标识符分门别类地放在不同的空间域中。这些不同名的空间域互相隔离,其中的全局标识符不会互相干扰。

9.1 基本知识

模板中运算对象的数据类型是称为类属类型的参数化类型。具有类属参数的函数称为函数模板；具有类属参数的类称为类模板。编译时，模板的类属参数由调用它的实际参数的数据类型所替换，据此生成可运行的代码，这个过程称为实例化。函数模板在类型实例化后成为模板函数。类模板在类型实例化后成为模板类。

异常处理机制将执行前预防（使用条件语句）错误的处理方式转变为出错后才处理的方式。正常情况下，只执行 try 语句块中的程序段，出错时抛出异常并转去执行 catch 块中的程序段，进行相应的处理。

不同命名空间中的全局标识符互不干扰，可以解决全局标识符较多时的重名问题。

9.1.1 函数模板和类模板

模板可用于编写以相同方式处理不同类型的数据的程序。如果一个程序的功能是处理某种特定类型的数据，则可将程序写成模板，将所处理的数据类型说明为参数。

C++模板分为函数模板和类模板两种。

1. 函数模板

定义函数模板的一般形式为

```
template<class|typename T>
函数返回类型 函数名(形式参数表)
{
        //函数定义体
    }
```

其中，关键字 class 或 typename 用于指定函数模板的类型参数，可以表示任何C++内部类型或者用户自定义类型。

函数模板是模板的定义，其中使用通用类型参数，可以代表一批函数。C++在遇到具体的函数调用时，自动将模板参数实例化为特定的数据类型。这种实例化后的对象类型称为模板实参，实例化后的函数模板称为模板函数。模板函数是实实在在的函数定义。

注：不能像普通函数那样将函数模板的声明和定义分开放在不同的文件中。

调用模板函数的一般形式为

```
<函数名>[<<模板实参表>>](<模板函数实参表>)
```

2. 类模板

类模板可看作函数模板的推广。定义类模板的一般形式为

```
template<class|typename T>
```

```
class 类名
{
        //类的接口定义部分
};
```

其中，"class T 或 typename T"与函数模板中的意义相同,这样的声明不是实实在在的类而只是类的描述,因而称为类模板(class template)。

类模板是模板的定义而不是实际的类,定义中用的是通用类型参数。只有在模板形参被特定数据类型的实参替代后,类模板才实例化为完全确定的类,称为模板类。

可在定义模板类的对象时,将模板参数指定为特定的数据类型,其一般形式为

<类模板名><<数据类型名表>> <对象名表>;

其中,"数据类型名"可以是 int、char 等基本数据类型或用户自定义类型。例如,

Compare < int > cmp1(10, 8);

在类模板名 Compare 之后的尖括号中指定了实际的数据类型名 int,并以 10 和 8 两个整数作为实参,定义了对象 cmp1。

3. 几个主要名词

建立模板之后,编译器便可根据使用时的实际数据类型使其实例化,生成可执行的代码。实例化的函数模板成为模板函数,实例化的类模板成为模板类。它们之间的关系如图 9-1 所示。

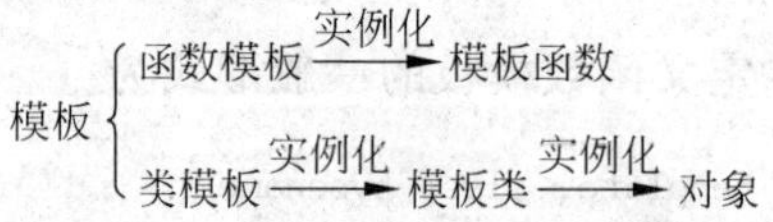

图 9-1　模板相关的几个名词

9.1.2　异常处理

程序的错误分为两种:

(1) 编译错误:即语法错误,在编译时就能发现并改正。

(2) 运行时发生的错误,又可分为

- 逻辑错误:是设计不当造成的,难以预料。
- 运行异常:可以预料但无法避免。它是由系统运行环境造成的,如内存空间不足、文件打不开、除数为零等。

对运行异常的控制称为异常处理。

传统程序设计语言(如 FORTRAN、Pascal、C)主要通过条件判断语句来预防异常情况发生,而 C++的异常处理机制则是将异常的检测与处理分离。当函数体中遇到异常条件存在,但无法确定相应的处理方法时,将引发一个异常,由函数调用者检测并处理。

1. 异常处理的实现

异常处理程序的功能是采取措施保证程序的继续执行,如果程序只能终结,则会使

其尽可能安全结束。异常处理机制用 3 个保留字实现：throw、try 和 catch。C++中使用异常的主要步骤如下：

(1) 定义异常(try 语句块)：将有可能产生错误的语句写在 try 语句块中。

(2) 捕获异常并处理(catch 语句块)：将出现异常后需要执行的语句放在 catch 块中，异常发生时这些语句就会执行。

(3) 抛出异常(throw 语句)：检测有无异常产生，有则抛出异常。

可见，try 与 catch 总是结合使用的，其一般形式为

```
try
    { <被检查的一组语句> }
catch (<异常信息类型> [变量名])
    { <进行异常处理的一组语句> }
```

在上述结构中，一个 try 语句可与多个 catch 语句相联系。如果某个 catch 语句的参数类型与引发异常的信息数据类型相匹配，则执行该 catch 语句的异常处理(捕获异常)，这时由 throw 语句抛出的异常信息(值)传送给 catch 语句中的参数。

引发异常的 throw 语句必须在 try 语句块内，或由 try 语句块中直接或间接调用的函数体执行。throw 语句的一般形式为

```
throw exception;
```

其中 exception 表示一个异常值，它可以是任意类型的变量、对象或值。

2. 异常处理的规则

catch 语句块是异常处理程序，编写异常处理程序的规则如下：

(1) catch 语句块只能在 try 语句后面出现。

(2) catch 行的圆括号中包含数据类型的声明，这与函数定义中参数声明的作用是一样的。catch 后面的括号中必须包含数据类型，捕获是利用数据类型匹配实现的。数据类型之后的参数名是可选的。

(3) 如果一个函数抛出一个异常，但在 catch 语句链中找不到与之匹配的 catch 语句块，则系统通常调用 abort 函数终止异常。

(4) catch 语句块执行后，紧跟在最后一个 catch 语句块后面的代码将被执行。

9.1.3 命名空间

命名空间是可由用户命名的作用域，用于处理程序中常见的同名冲突。

C 语言定义了 3 层作用域：文件(编译单元)、函数和复合语句。C++中引入了类作用域，类是出现在文件中的，可以在不同作用域中定义相同名字的变量。

如果一个程序中包含了头文件，如 iostream 等，则头文件中的全局标识符就变成了程序中的全局标识符，故当程序中的一个全局标识符与头文件中某个全局标识符名字相同时，编译时将会产生错误。

注：全局标识符声明于所有函数和类之外，可以为本源程序文件中位于该全局变量说明之后的所有函数和类共同使用。

引入了命名空间机制后，可以解决库中的、程序中的以及其他库中的全局标识符的名字冲突问题。

1. 命名空间的使用

用户可以根据需要设置多个命名空间，每个命名空间代表不同的命名空间域。声明命名空间的一般形式为

```
namespace <命名空间名>
{
    <全局标识符声明表>
}
```

花括号中可以包含变量、常量、函数、结构体、类、模板等的声明，还可以在一个命名空间中再定义一个命名空间（嵌套的命名空间）。

2. 标准命名空间 std

为了解决 C++标准库中的标识符与程序中的全局标识符之间以及不同库中的标识符之间的同名冲突，应将不同库的标识符在不同的命名空间中定义或声明。标准 C++库的所有标识符都是在一个名为"std"（standard 的缩写）的命名空间中定义的，或者说标准头文件（如 iostream）中函数、类、对象和类模板是在命名空间 std 中定义的。因此，在程序中使用 C++标准库时，需要使用 std 作为限定，例如，在语句

```
std::cout<<"完成"<<endl;
```

中，用"std::cout"来表示命名空间 std 中定义的流对象 cout。因为 cin 和 cout 对象在程序中用得很多，每次使用时都这样写很不方便，故一般都在程序（文件）的开头使用语句

```
using namespace std;
```

对命名空间 std 进行声明。此后，在 std 中定义和声明的所有标识符都可以在本程序（文件）中作为全局标识符使用。

注：标识符的定义也称为定义性声明；标识符的声明也称为引用性声明。

如果程序（文件）中包含了对命名空间 std 的声明，就应保证本程序（文件）中不再出现与命名空间 std 的成员同名的标识符。

9.2 程序解析

本章解析 3 个程序：

第 1 个程序定义了实现矩阵相加和矩阵输出的函数模板，分别实例化为整型和浮点型矩阵相加和矩阵输出的模板函数，并完成矩阵相加和矩阵输出任务。

第 2 个程序定义了表示顺序表的类模板,实例化为整数构成的顺序表,并进行顺序表的查找、插入、删除等各种操作。

第 3 个程序定义了表示数组的类模板,在代码中使用异常处理机制进行数组下标的越界检查,又分别实例化为整型和浮点型数组,并在试图为下标超界的数组元素赋值时阻止操作且显示出错信息。

阅读和运行这 3 个程序,可以理解函数模板、类模板、异常处理机制的概念、特点和使用方法。掌握使用这些工具编写通用性强的程序、提高程序质量的一般方法。

程序 9-1 模板函数实现矩阵加法

定义实现矩阵加法以及输出矩阵的函数模板。模板原型分别为

```
void matrixAdd(T * a, T * b, T * c, int m, int n);
void matrixShow(T * a, int m, int n)
```

其中,m 和 n 分别为矩阵的行数和列数。

使用这两个函数模板,实现给定的两个整数矩阵以及两个浮点数矩阵的加法运算。

1. 算法分析

本程序中,按顺序完成以下操作:

(1) 定义表示两矩阵加法的函数模板 matriAdd

两个行数和列数均相同的矩阵中的所有元素逐行逐列相加,结果放入另一个矩阵。

(2) 定义输出矩阵的函数模板 matriShow

逐行逐列输出指定矩阵中所有元素。

(3) 主函数(函数模板实例化,生成模板函数,矩阵相加且输出)

- 定义两个整型二维数组。
- 使用函数模板 matriAdd 相加并存放到结果矩阵。
- 使用函数模板 matriShow 显示结果数组。
- 定义两个浮点型二维数组。
- 使用函数模板 matriAdd 相加并存放到结果矩阵。
- 使用函数模板 matriShow 显示结果数组。

2. 程序

定义函数模板的一般形式为

```
//程序 9-1_ 矩阵加法(函数模板)
# include < iostream >
using namespace std;
//定义函数模板:两矩阵相加
template < typename T >
```

```
void matrixAdd(T * a, T * b, T * c, int m, int n)
{    for(int i = 0; i < m * n; i++)
     c[i] = a[i] + b[i];
}
```

//定义函数模板：输出矩阵

```
template < typename T >
void matrixShow(T * a, int m, int n)
{    for(int i = 0; i < m; i++)
     {    for(int j = 0; j < n; j++)
              cout << * (a + i * n + j)<<"\t";
          cout << endl;
     }
}
```

//主函数：函数模板实例化，生成模板函数，矩阵相加

```
int main()
{    int intA[3][4] = {{1,0,3,1},{2,3,0,2},{3,3,1,0}};
     int intB[3][4] = {{10,5,9,8},{11,20,15,9},{12,13,0,18}};
     int intC[3][4];
     float floatA[4][3] = {{2.3,3,4.5},{1.3,3.0,2.6},{3.3,5,1.2},{9.1,3.9,2}};
     float floatB[4][3] = {{3.1,3,0},{3.9,3,2.6},{6.2,5.5,8.9},{9.1,5.4,3.7}};
     float floatC[4][3];
     cout <<"整数矩阵: intA[3][4] = "<< endl;
     matrixShow(intA[0],3,4);
     cout <<"整数矩阵: intB[3][4] = "<< endl;
     matrixShow(intB[0],3,4);
     matrixAdd(intA[0],intB[0],intC[0],3,4);
     cout <<"两整数矩阵之和: intC = intA + intB = "<< endl;
     matrixShow(intC[0],3,4);
     cout <<"浮点数矩阵: floatA[4][3] = "<< endl;
     matrixShow(floatA[0],4,3);
     cout <<"浮点数矩阵: floatB[4][3] = "<< endl;
     matrixShow(floatB[0],4,3);
     matrixAdd(floatA[0],floatB[0],floatC[0],4,3);
     cout <<"两浮点数矩阵之和: floatC = floatA + floatB = "<< endl;
     matrixShow(floatC[0],3,4);
     return 0;
}
```

3. 程序运行结果

本程序运行结果如下：

整数矩阵: intA[3][4] =			
1	0	3	1
2	3	0	2
3	3	1	0
整数矩阵: intB[3][4] =			
10	5	9	8

| 11 | 20 | 15 | 9 |
| 12 | 13 | 0 | 18 |

两整数矩阵之和：intC = intA + intB =

11	5	12	9
13	23	15	11
15	16	1	18

浮点数矩阵：floatA[4][3] =

2.3	3	4.5
1.3	3	2.0
3.3	5	1.2
9.1	3.9	2

浮点数矩阵：floatB[4][3] =

3.1	3	0
3.9	3	2.6
6.2	5.5	8.9
9.1	5.4	3.7

两浮点数矩阵之和：floatC = floatA + floatB =

5.4	6	4.5	5.2
6	5.2	9.5	10.5
10.1	18.2	9.3	5.7

程序 9-2　类模板实现顺序表

定义实现矩阵加法以及输出矩阵的函数模板。模板原型分别为

```
void matrixAdd(T * a, T * b, T * c, int m, int n);
void matrixShow(T * a, int m, int n)
```

其中，m 和 n 分别为矩阵的行数和列数。

使用这两个函数模板，实现给定的两个整数矩阵以及两个浮点数矩阵的加法运算。

1. 算法分析

本程序中，按顺序完成以下操作：

（1）定义表示顺序表类的模板：类模板 List，其中包括：

- 私有数据成员：存放顺序表的数组、顺序表最大长度、现有末尾元素下标。
- 公有无参构造函数，将顺序表初始化为空表。
- 公有成员函数：求表长度，判断表是否已空、判断表是否已满。
- 公有成员函数：取出（复制）指定元素、查找元素、删除元素。
- 运算符[]重载：进行数组下标越界检查。

（2）主函数：

- 定义 List 类的对象，输入该顺序表中各元素的值。
- 输出顺序表的内容。
- 获取指定元素的值。

- 在顺序表中插入几个新元素，输出插入元素后的顺序表。
- 删除顺序表中指定元素，输出删除元素后的顺序表。

2. 程序源代码

```
//程序9-2_顺序表类模板
#include<iostream>
using namespace std;
template<typename T,int size>
class List{
    T Array[size];                              //存放顺序表的数组
    int maxSize;                                //顺序表最大长度
    int last;                                   //现有末尾元素下标
public:
    List()                                      //初始化为空表
    {   last = -1;
        maxSize = size;
    }
    int Length() const                          //计算表长度
    {   return last + 1;
    }
    bool isEmpty()                              //判断表是否为空
    {   return last == -1;
    }
    bool isFull()                               //判断表是否已满
    {   return last == maxSize - 1;
    }
    T Get(int i)                                //复制第i个元素的值
    {   return i<0||i>last? NULL:Array[i];
    }
    T& operator[](int i);                       //重载下标运算符[]：数组下标越界
                                                //检查
    int Seek(T & x)const;                       //查找x,返回其下标
    bool Insert(T & x,int i);                   //将x插入列表中第i个位置
    bool Remove(T & x);                         //删除x
};
template<typename T,int size>
T& List<T,size>::operator[](int i)
{   if(i>last + 1||i<0||i>=maxSize){
        cout <<"下标越界!"<< endl;
        exit(1);
    }
    if(i>last) last++;
    return Array[i];
}
template<typename T,int size>
int List<T,size>::Seek(T & x)const
{   //该函数this指针为const,不能更改所访问对象的数据
    int i = 0;
```

```
        while(i <= last && Array[i]!= x)          //顺序查找是否有 x
            i++;
        if(i > last)                              //未找到返回 -1,找到返回下标
            return -1;
        else return i;
}
template < typename T, int size >
bool List < T, size >::Insert(T & x, int i)
{   int j;
    if (i < 0||i > last + 1||last == maxSize - 1)
        return false;                             //不能插入此处
    else{
        last++;                                   //修改表末尾下标
        for(j = last; j > i; j-- )                //从表末起,元素依次后移,腾出插入处
            Array[j] = Array[j - 1];
        Array[i] = x;
        return true;
    }
}
template < typename T, int size >
bool List < T, size >::Remove(T & x)
{   int i = Seek(x), j;                           //找被删除元素下标
    if(i >= 0){
        last-- ;
        for(j = i; j <= last; j++)                //其后元素逐个前移,挤掉被删元素
            Array[j] = Array[j + 1];
        return true;
    }
    return false;                                 //未找到 x
}
int main()
{   //定义顺序表对象 aList,模板参数实例化为 int
    List < int, 100 > aList;
     //数组元素逐个输入顺序表
    int a[15] = {1,5,2,15,3,6,7,8,20,4,9,10,16,15,21};
    for(int i = 0; i < 15; i++)
        aList.Insert(a[i], i);
    //输出顺序表(所有元素)
     cout <<"顺序表 aList: "<< endl;
    for(int i = 0; i < aList.Length(); i++)       //输出 aList.Array[]顺序表
        cout << aList.Get(i)<<' ';
    cout << endl ;
    //取得顺序表中某个元素
    cout <<"顺序表 aList 中第"<< 9 <<"个元素是"<< aList.Get(8)<< endl;
    //给顺序表中插入 5 个元素
    int b[] = {65,66,67,68,69};
    for(int i = 0; i < 5; i++)
        if(!aList.isFull())
```

```
                aList.Insert(b[i],i+8);
            else
                cout <<"表已满!"<< endl;
        cout <<"插入 5 个元素后的顺序表 aList: "<< endl;
        for(int i = 0;i < aList.Length();i++)
            cout << aList.Get(i)<<' ';
        cout << endl;
        //从顺序表中删除某个元素
        int y = 20;
        aList.Remove(y);
        cout <<"删除后的顺序表 aList: "<< endl;
        for(int i = 0;i < aList.Length();i++)
            cout << aList.Get(i)<<' ';
        cout << endl;
        return 0;
}
```

3. 运行结果

程序的运行结果如下：

```
顺序表 aList:
1 5 2 15 3 6 7 8 20 4 9 10 16 15 21
顺序表 aList 中第 9 个元素是 20
插入 5 个元素后的顺序表 aList:
1 5 2 15 3 6 7 8 65 66 67 68 69 20 4 9 10 16 15 21
删除 20 后的顺序表 aList:
1 5 2 15 3 6 7 8 65 66 67 68 69 4 9 10 16 15 21
```

程序 9-3 类模板实现数组越界报错

C++的数组类型对调用时使用的下标不做越界检查，往往成为隐患。本例将使用类模板来构造新的一维数组：
- 元素类型和元素个数可变（默认有 9 个元素）。
- 重载下标运算符（[]），进行数组元素下标超界的检查，并在超界时显示出错信息。
在 main()函数中，定义整型数组和浮点型数组进行测试，并在出错时进行适当处理。

1. 编程序所依据的算法

本程序中，按顺序编写以下代码：
（1）定义表示一维数组的类模板：Array,其中包括：
- 私有数据成员：数组长度、操纵数组的指针变量。
- 公有构造函数：数组长度赋值、动态分配数组存储空间。
- 运算符[]重载：当数组下标越界时抛出异常。

(2) 主函数：

- 定义整型数组，长度取类模板中默认值，每个数组元素都赋值为随机整数。当试图为越过下标容许范围的数组元素赋值时，阻止操作并显示出错信息。
- 定义整型数组，长度为指定值，每个数组元素都赋值为随机双精度数。当试图为越过下标容许范围的数组元素赋值时，阻止操作并显示出错信息。

2. 程序源代码

```
//程序 9-3_ 类模板实现数组下标越界报错
# include < iostream >
# include < cmath >                          //为使用数学函数包含
# include < string >                         //为使用字符串包含
# include < iomanip >                        //为使用 setw 等函数包含
# include < ctime >                          //为以 time 函数取当前时间包含
using namespace std;
const int N = 9;
//模板类,表示定义扩充的数组
template < typename T >                       //模板类
class Array
{    int size;                               //数组大小
     T * p;                                  //指向数组的指针
public:
     Array( int length = N)                  //构造函数
     {    size = length;
          p = new T[ size];
     }
     ~Array()                                //析构函数
     {    delete [ ]p;
     }
     T& operator[ ]( int index)const         //为检查下标超界而重载下标运算符
     {    if( index < 0 | | index > = size)
          {    char s[21];
               //将下标值(整数)转换为字符串
               string s1 = itoa( index, s, 10), s2 = itoa( size - 1, s, 10), str;
               str = "数组元素[" + s1 + "]下标越界(～" + s2 + ")!";
               throw str;                    //数组下标越界时抛出异常
          }
          return p[ index];
     }
};
//主函数:调用类模板、实例化为模板类、使用类模板对象
int main()
{    int i;
     Array< int > a1;
     try //正常操作在 try 语句块中
     {    srand((unsigned)time(NULL));           //当前时间作 rand 函数的种子
          for( i = 0; i < = N; i++) //当 i = 9(默认最大下标)时,下标越界
          {    a1[ i] = rand() % 100;
```

```
                cout << setw(6)<< left << a1[i];
        }
    }
    catch(string& e)                        //出错后处理在 catch 语句块中
    {   cout <<'\n'<< e << endl;
    }
    Array< double > a2(6);
    try
    {   cout << fixed;
        srand((unsigned)time(NULL));
        for(i = 0;i <= N;i++)               //当 i = 6(自设最大下标)时,下标越界
        {   a2[i] = sqrt(double(rand() % 100));
                cout << setw(8)<< left << setprecision(3)<< a2[i];
        }
    }
    catch(string& e)
    {   cout <<"\n"<< e << endl;
    }
    return 0;
}
```

3. 程序运行结果

本程序的一次运行结果如下：

```
97   25   20   63   30   33   12   31   57
数组元素[9]下标越界(0~8)!
9.849   5.000   4.472   7.937   5.477   5.745
数组元素[6]下标越界(0~5)!
```

9.3　实验指导

本章安排两个实验：函数模板和类模板的定义和使用；异常处理机制的运用。

通过模板的定义和调用,可以理解函数模板和类模板的概念,掌握通过模板来编写通用函数或通用类,从而实现代码重用并提高程序的通用性的一般方法；通过异常处理机制的运用,体验这种机制的优点,掌握其使用方法,从而编写出质量更高的程序。

实验 9-1　函数模板和类模板

本实验编写并运行 3 个程序：第 1 个程序使用函数模板以及重载的函数模板,求整型、浮点型以及字符串中较大者；第 2 个程序使用函数模板进行冒泡法排序；第 3 个程序使用类模板及其对象数组来存储和操作学生的信息。

1. 定义并重载模板函数,找两个数及两个字符串中较大者

【程序的功能】

本程序中,使用函数模板找两个数中的大数,并重载该模板函数,找出两个字符串中的大字符串。

【程序设计步骤】

(1) 定义找两个数中较大数的函数模板,函数模板原型为

```
T Max (T data1,T data2);
```

(2) 重载模板函数,以便找两个字符串中的大字符串,其原型为

```
char * Max(char *,char *);
```

(3) 编写主函数,主函数的定义形式如下:

```
int main()
{   调用函数模板 Max,查找并输出两个整型变量中的较大者
    调用函数模板 Max,查找并输出两个浮点型变量中的较大者
    调用函数模板 Max,查找并输出两个字符串型变量中的较大者
    return 0;
}
```

(4) 在 Visual C++ 控制台工程中,输入并运行该程序。

2. 使用函数模板进行冒泡法排序

【程序的功能】

本程序中,使用冒泡法排序的函数模板,将键盘输入的一批数值进行排序并按从小到大的顺序输出。

【程序设计步骤】

(1) 定义函数模板 bubbleSort,以冒泡排序法将数组 a 中 num 个元素排成正序(升序)。函数模板原型为

```
void bubbleSort(T a[], int num);
```

(2) 定义函数模板 arrayShow,输出数组 a 中 num 个元素的值,函数模板原型为

```
void arrayShow(T a[], int num);
```

(3) 编写主函数,主函数的定义形式如下:

```
int main()
{   定义两个数组 int a[10]和 double b[9]
    键盘输入 a 数组中所有元素
    键盘输入 b 数组中所有元素
    调用函数模板 bubbleSort,将 a 数组中元素排成正序
    调用函数模板 arrayShow,输出 a 数组中所有元素
```

```
        调用函数模板,bubbleSort,将数组中元素排成正序
        调用函数模板 arrayShow,输出 b 数组中所有元素
        return 0;
}
```

3. 对象数组类模板存储和操作学生信息

【程序的功能】

定义数组类模板,其中数组元素类型可以是简单数据类型、构造类型等。类中构造函数可以动态分配存储空间并初始化数组长度；析构函数用于释放数组空间；类中还包括：获取第 n 个数组元素以及更新第 n 个数组元素的成员函数。

在主函数中,使用整型数组和学生信息数组进行测试。其中学生信息用结构体类型定义,包括学号、姓名和班级。

【程序设计步骤】

(1) 定义表示学生情况的结构体 Student,其内容如下：

```
struct Student
{    int id;
     char name[10];
     char dept[10];
};
```

(2) 定义数组类模板 objArray,其定义的形式如下：

```
template < typename T >                    // 定义 T 类型数组的类模板
class objArray{
private:
        指向数组,可动态分配存储空间的指针
        数组长度变量
public:
        构造函数: 动态分配数组空间,并初始化数组长度
        析造函数: 释放数组空间
        成员函数 nGet: 获取第 n 个数组元素
        成员函数 nPut: 用 x 替换第 n 个数组元素,原型为 void putData(T x, int n);
};
```

(3) 编写主函数,主函数的定义形式如下：

```
int main()
{    定义整型数组: objArray < int > s1(3)
     定义结构体型数组: objArray < Student > s2(3)
     键盘输入 b 数组中所有元素(调用 s1.nPut (t,i))
     读取一个数组元素(调用 s1.nGet (i))
     构造 3 个元素,如 Student stu1 = {151010,"张仁","计算 56"};
     3 元素替换数组中原有 3 元素(调用 s1.nPut (t,i)),
     调用 nGet 成员函数逐个输出所有元素的所有数据项(如 s2.nGet (i).id)
     逐个输入一个数组元素中各数据项,并替换其中某个元素
```

调用 nGet 成员函数逐个输出所有元素的所有数据项(如 s2.nGet (i).id)
return 0;
}

(4) 在 Visual C++控制台工程中,输入并运行该程序。

实验 9-2 异常处理

本实验编写并运行 3 个程序:第 1 个程序捕捉和处理动态请求内存失败时的异常;第 2 个程序捕捉 0 作除数、负数开平方以及负数求对数时的异常;第 3 个程序捕捉和处理运算结果超出最大机器数时的异常。

1. 动态请求内存失败的异常处理

【程序的功能】

在程序中使用 new 动态请求内存时,如果请求失败(如显示"内存空间不足"),则在 try 块作用范围内,通过 throw 抛出 char ＊类型异常,并使用 catch 语句捕获且处理这个异常。

【程序设计步骤】

(1) 编写主函数,主函数的定义形式如下:

```
int main()
{    定义指针变量: char ＊buf
     try
     {    以 buf 指针动态请求 1024 个字节的内存空间
          如果请求失败(buf == NULL),则抛出"内存分配失败!"的异常,
     }
     catch(char ＊e)
     {    输出异常信息: cout <<"异常: "<< e << endl;
     }
     进行其他操作(内容自拟)
     return 0;
}
```

(2) 在 Visual C++控制台工程中,输入并运行该程序。

2. 函数自变量非法的异常处理

【程序的功能】

定义函数 subFun(x,y,z),调用它计算表达式 $\dfrac{\sqrt{x}+\ln y}{z}$ 的值。在 subFun 中,

• 如果 x<0,则抛出异常信息:"负数不能开平方!"。

• 如果 y<=0,则抛出异常信息:"0 和负数没有对数!"。

• 如果 z==0,则抛出异常信息:"分母不能为 0"。

在 main()中,对执行调用 subFun()的程序段进行跟踪处理,如果捕获到异常,则输出异常信息。

【程序设计步骤】

（1）编写函数 subFun,该函数的定义形式如下:

```
double subFun(double x, double y, double z)
{    定义字符型数组 msg[20],初值为空字符串
     判断 x<0?
         是则 msg[20]赋值为"负数不能开平方!"
     否则再判断 y<=0?
         是则 msg[20]赋值为"0 和负数没有对数!",
     否则再判断 z==0 且 y<=0?
         是则 msg[20]赋值为"分母不能为 0"
     判断 msg 长度»0?
         是则抛出异常
     返回表达式(sqrt(x)+log(y))/z 的值
}
```

（2）编写主函数,主函数的定义形式如下:

```
int main()
{    反复 5 次,执行以下操作:
         输入 x、y、z 的值
         try
         {    调用子函数 subFun 计算并输出表达的值
         } catch(char * e)
         {    输出异常信息
     return 0;
}
```

（3）在 Visual C++控制台工程中,输入并运行该程序。

3. 阶乘运算时上溢的异常处理

【程序的功能】

当阶乘超过计算机中整数的最大容许值(如 13!)时,便会产生溢出,因为当前值超过最大容许值,所以称为上溢。本程序将输入整数,求其阶乘值,且当产生溢出时进行相应的异常处理。

【程序设计步骤】

（1）编写求阶乘的函数 fac,该函数的定义形式如下:

```
int fac(int n)
{    result 赋值为 1
     整型变量 s 赋值为 sizeof(int) * 8 - 1
     变量 k 为最大整数,赋值为 pow(2,s) - 1
     判断 n<0 ?
         是则返回 -1
```

```
循环(i 从 1 到不大于 n)
{    判断 result>k/i?
            是则抛出 i (调用者处理异常)
     计算 i 的阶乘并将其值赋予 result
     输出 i 的阶乘
}
返回 result 值
}
```

(2) 编写主函数,主函数的定义形式如下:

```
int main()
{    输入整型变量 n 的值
     try
     {    调用 fac 函数,计算并输出 n!
     } catch(int e)
     {    输出异常信息
     return 0;
}
```

(3) 在 Visual C++ 控制台工程中,输入并运行该程序。

第10章 输入、输出流

　　C++的输入输出系统是对流的操作,即将数据流向流对象或从流对象流出数据。C++用 I/O 流类库来管理所有的数据流操作,所有的流式输入输出操作都是借助流对象实现的。例如,cin 和 cout 就是分别用于输入和输出数据的流对象。

　　为了存储和处理批量数据,需要将数据以文件的形式存放在外存储器(磁盘等)上。C++程序中的数据文件可按存储格式分为两种: 字符文件和二进制文件。字符文件中存放的是字符的 ASCII 码(或汉字机内码等),其内容输出后可以阅读。二进制文件的内容则为数据的内部表示,是从内存中直接复制过来的。例如,字符文件中存放的整数 867 被拆成 3 个数字字符'8'、'6'和'7',依次占用 3 个字节;而在二进制文件中,867 被转换为等值二进制数,占用按整型数分配的两个或 4 个字节。

　　C++中引入了流式文件的概念,即将文件看作字符流(字符或字节的序列),并提供了打开文件、关闭文件、读写文件中内容的各种方法,从而使文件成为存储和处理大批量数据的重要手段。

10.1　基本知识

　　C++中,将数据从一个对象到另一个对象的传送抽象为"流",并在标准库的I/O流类库中提供了一组流类,用于建立数据的产生者和使用者之间的关联,并负责在两者之间进行数据传送。

　　流总是与某种设备(键盘、显示器、磁盘等)相关联的,通过流类中定义的方法(函数)就可以完成对这些设备的输入或输出操作。流还具有方向性,与输入设备相关联的是输入流,与输出设备相关联的是输出流,与磁盘(文件)这样可以双向传送的设备相关联的是输入输出流。

　　文件流是以外存储器(可以双向传送)上的文件为输入输出对象的数据流。输出文件流是从内存流向外存文件的数据,输入文件是从外存文件流向内存的数据。每个文件流都有一个内存缓冲区与之对应。

10.1.1　输入/输出流

　　C++流类库里有两个平行的基类:ios类和streambuf类。所有其他的流类都是从这两个类直接或间接派生出来的。其中ios类是输入输出操作在用户一方的接口,负责高层(接近用户)操作;streambuf类为输入输出操作在物理设备一方的接口,负责低层(接近设备)操作。

　　注:I/O流是标准C++库的一部分而非C++语言的一部分。

　　基于C++类库的输入输出操作需要使用两个流对象cin和cout以及两个配套的运算符">>"和"<<"。格式化输入输出时需要使用ios类中的格式控制成员函数或者操作符。

　　1. C++的I/O流类库

　　C++的I/O流类库是用继承方式建立的。其中ios是所有流类的抽象基类,其他类都是它的直接或间接的派生类。ios类及其派生类的层次结构如图10-1所示。

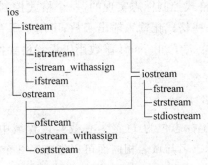

图 10-1　I/O 流类的层次结构

这些类为用户提供使用流类的接口，ios 类提供所需要的公共操作以及对流状态标志进行设置的功能，管理全部 I/O 流操作和格式化 I/O 控制。ios 类是一个虚基类，有一个保护访问限制的指针类型的成员数据指向 streambuf 类（独立的类，管理一个流的缓冲区）的对象。I/O 流类库中的每个类都称作相应的流或流类，用于完成某一方面的功能，其中最重要的两部分功能为标准输入输出（istream、ostream）和文件处理（fstreambase）。

2. 标准 I/O 流对象

I/O 流类库中定义了 4 个全局流对象：cin、cout、cerr 和 clog，用于完成人机交互功能。

（1）标准输入流对象 cin，键盘为对应标准设备，带缓冲区（由 streambuf 类对象管理）。

（2）标准输出流对象 cout，显示器为标准设备，带缓冲区。

（3）标准错误输出流 cerr 和 clog，输出设备是显示器。为非缓冲区流，一旦错误发生便立即显示。

如果要使用这 4 个功能，则必须包含＜iostream＞文件。如果是输出提示信息或显示操作结果，则 cout、cerr 和 clog 这 3 个流的用法相同。它们的区别在于，流 cout 允许输出重定向，即可以转向输出到外存储器上的文件，cerr 和 clog 不允许输出重定向。

3. 提取运算符"＞＞"和插入运算符"＜＜"

"＜＜"和"＞＞"本来在 C++ 中是被定义为左位移运算符和右位移运算符的，但在 iostream 头文件中进行了重载，成为标准类型数据的输入和输出运算符。因此，程序中必须有

```
# include<iostream>
```

命令才能使用这两个运算符。

如果想使用"＜＜"和"＞＞"运算符来输入或输出自定义数据类型的数据，就必须对"＜＜"和"＞＞"进行重载。

4. ios 类中格式化 I/O 的成员函数

格式控制是通过改变格式控制标志实现的，一个格式控制标志代表一个格式控制功能。C++ 的 ios 类提供了一些格式化输入输出函数，可用于所有文本方式的输入输出流。

（1）int ios::setf 函数：setf 和 unsetf 函数用于设置格式控制标志。setf 函数的调用格式为

```
流对象.setf(标志名,域名);
```

其功能为设置指定域中指定标志位为 1（置为有效），设置域中其余标志位为 0。如果指定的域是单标志域，则因标志名与域名相同而可以省略第 2 个参数：

```
流对象.setf(标志名);
```

（2）int ios::unsetf 函数：unsetf 函数的调用格式为

> 流对象.unsetf(域名);

其功能为设置指定域中的所有标志位为 0(置为无效)。对于单标志域来说,其中的域名就是标志名。

（3）int ios::width(n)函数：是 ios 类中不通过格式控制标志进行格式控制的函数,调用格式为

> 流对象.width(宽度);

其功能为设置输入输出宽度。默认的输入输出宽度值为 0,意为按实际数据宽度输入或输出。在输入时,width(n)函数只对字符串有效。宽度的设置一次有效,在完成一次输入或输出后恢复为默认宽度值 0。

（4）int ios::precision(n)函数：调用格式为

> 流对象.precision(精度);

其功能为设置输出精度。其中浮点格式精度意为有效位数,定点格式或指数格式精度意为小数位数。初始精度为 6,将精度设置为 0 意味着回到初始精度 6。

（5）int ios::fill(c)函数：调用格式为

> 流对象.fill(字符);

其功能为设置填充字符。当数据实际宽度小于设定输出宽度时,多余部分用填充"字符"补充。默认填充字符是空格。

（6）int ios::flags()函数：测试格式控制标志。

（7）int ios::flags(long flags)函数：设置格式控制标志并返回前一次的格式控制标志。

5. ios 类中的格式控制标志

格式控制标志是各种状态值之间通过或运算组合而成的,在 I/O 类中是一个公共的枚举类型。各标志的含义如下：

sipws	跳过输入中的空白
left、right	输入数据左对齐、右对齐
internal	在指定符号位或基指示符之后加入填充字符
dec、oct、hex	基为十进制、八进制、十六进制
showbase	生成一个前缀标明生成的整数输出的基
showpoint	显示浮数的小数点和后面的 0
uppercase	输出时大写字母代替相应的小写字母
showpos	正数前面显示正号
scientific	按科学计数法表示浮点数

fixed	以定点格式显示浮点数
unitbuf	插入操作后立即刷新缓冲区
boolalpha	在字母格式中插入和提取布尔类型
stdio	插入操作后清空每个流

6. 用于格式化输出的操作符

格式操作符是控制输入输出格式的另一种途径。格式操作符可以直接嵌入输入语句中。

每个操纵符都与一个具体的函数相联系，使得"＞＞"或"＜＜"可间接地通过操纵符调用与之联系的函数，完成相应的输入、输出或输入输出控制功能。常用的操纵符如下：

(1) setiosflags(标志名)：置指定标志位为 1，对应于函数 setf，例如，

cout ≪ setiosflags(ios::showpos);

(2) resetiosflags(域名)：将指定域清 0，对应于函数 unsetf，例如，

cout ≪ resetiosflags(ios: : showpos);

(3) dec,oct 和 hex：分别将数制设置为十进制、八进制和十六进制，例如，

cout ≪ hex;

(4) setw(宽度)：指定输入/输出宽度，对应于 width 函数，例如，

cout ≪ i,≪ setw(14);

(5) setprecision(精度)：指定输出精度，对应于 precision 函数，例如，

cout ≪ setprecision(14);

(6) setfill(字符)：设定填充字符，对应于 fill 函数，例如，

cout ≪ setfill(' * ');

(7) endl：插入换行符'\n'，体现在输出设备上就是回车换行。
(8) ends：插入字符串结束符'\0'，多用于字符串流。

10.1.2　数据文件的打开与关闭

为了对一个文件进行读写操作，应该先"打开"文件，C++中就是建立这个文件与一个流的关联。使用结束后，还应该"关闭"文件，就是取消文件与流的关联。

1. 文件打开步骤

C++在执行文件的读/写操作之前，先要做 3 件事：

（1）在程序中包含头文件 fstream。

C++ 中，对文件的操作是通过 stream 的子类 fstream 来实现的，故以这种方式操作文件时，必须包含头文件 fstream。

（2）建立流，其过程就是定义流类的对象，例如，

- 定义输入流对象：ifstram in。
- 定义输出流对象：ofstream out。
- 定义输入输出流对象：fstream both。

（3）使用 open() 函数打开文件，即将一个文件与上面的某个流联系起来。open() 函数是上述 3 个流类的成员函数，其原型是在 fstream 中定义的：

```
void open(const unsigned char * , int mode, int access = filebuf::openprot);
```

其中 3 个参数分别为：要打开的文件名、打开文件的方式、打开文件的属性。

例如，以默认方式打开存放在默认目录中的文本文件"student. txt"的语句为

```
in. open("student.txt");
```

实际上，还可以在定义流类对象的同时，用构造函数打开文件（fstream 类有与 open() 相同的构造函数）。例如，在定义输入流对象 in 的同时打开文本文件（默认方式、默认目录）"student. txt"的语句为

```
ifstram in("student.txt");
```

2. 文件打开方式与打开文件的属性

（1）文件打开方式有多种取值（可同时取几种值，几个值相"或"即可）。常用值如下：

ios::app：	以追加的方式打开
ios::ate：	打开后定位到文件尾（ios:app 包含该属性）
ios::binary：	以二进制方式打开（默认为文本方式）
ios::in：	以输入方式打开（将文件中数据读入内存）
ios::out：	以输出方式打开（内存数据写入文件）
ios::nocreate：	不建立文件，故当文件不存在时打开失败
ios::noreplace：	不覆盖文件，故当文件存在时打开失败
ios::trunc：	如果文件存在，则将其长度设为 0

注：最初设计流是用于文本的，故默认情况下文件用文本方式打开。在以文本方式输出时，如果遇到换行符'\n '（ASCII 码为 10），则自动扩充为回车换行符（ASCII 码为 13 和 10）。如果不需要这样扩充，打开文件时要指定"ios::binary"，即以二进制方式传送和存储。

（2）打开文件的属性取值（几个属性可以"或"或者"＋"起来）：

0：普通文件，打开访问

1：只读文件

2：隐含文件

4：系统文件

例如：以二进制输入方式打开文件"c:\config.sys"的语句为

```
fstream file1;
file1.open(" c:\\config.sys" ,ios::binary|ios::in,0);
```

如果 open 函数只有文件名一个参数，则是以读写普通文件打开，也就是说，下面两个语句是等效的：

```
file1.open(" c:\\config.sys" );
file1.open(" c:\\config.sys" ,ios::in|ios::out,0);
```

需要注意的是，fstream 有两个子类：ifstream(input file stream)和 ofstream(outpu file stream)，前者默认以输入方式打开文件，后才默认以输出方式打开文件。为方便起见，当

- 以输入方式打开文件时，用 ifstream 定义；
- 以输出方式打开时，用 ofstream 定义；
- 以输入输出方式来打开，用 fstream 来定义。

3. 文件流的关闭

使用过一个文件之后，就应该关闭它，即将该文件与相关联的流"脱钩"。关闭文件可使用流类中的成员函数 close，它不带参数也没有返回值。例如，如果 fin 是一个文件流对象，则可以用下面的语句关闭：

```
fin.close();
```

如果程序没有用成员函数 close 主动关闭文件，则当文件流对象退出其作用域时，被自动调用的释放函数会关闭该对象所联系的文件。

4. 文件流状态的判定

可使用以下几个函数：

（1）is_open()，判定流对象是否与一个打开的文件相联系，是则返回 1(true)，否则返回 0(false)。

（2）good()，刚进行的操作成功时返回 1，否则返回 0。

（3）fail()，与 good()相反，刚进行的操作失败时返回 1，否则返回 0。

（4）bad()，如果进行了非法操作则返回 1，否则返回 0。

（5）eof()，进行输入操作时，若到达文件尾则返回 1，否则返回 0。

10.1.3 数据文件的读写

文本文件和二进制文件读写方式有所区别，文本文件的读写相对简单，二进制文件的读取则要复杂得多。

1. 文本文件的读写

读写文本文件时，使用插入器(≪)将数据写入文件，即向文件输出数据；使用析取器(≫)读出文件中的数据，即从文件中输入。例如，假定 f1 是以输入方式打开的，f2 是以输出打开的。则语句

```
f2 << "Zhang da zhong" ;
```

向文件中写入字符串"Zhang da zhong"。语句

```
int x;
f1 >> x;
```

从文件中输入一个整数值赋给 x 变量。

这种方式还有一种简单的格式化能力，比如可以用"hex"指定输出为十六进制等。

2. 二进制文件的读写

二进制文件用可以使用 get()函数、put()函数、read 函数和 write 函数来读写。
(1) put()函数向流写入一个字符，其原型为

```
ofstream &put(char ch)
```

例如，一个向流写字符'c'的语句是：

```
fa.put('c');
```

(2) get()函数有多种格式，其中有 3 种常用的重载形式：
① 与 put()对应的形式，原型为

```
ifstream &get(char & ch);
```

其功能为，从流中读取一个字符，并存入引用 ch，如果到了文件尾，则返回空字符。例如，一个从文件中输入(读取)一个字符，并将其保存到 x 中的语句是

```
fb.get(x);
```

② 原型为

```
int get();
```

这种形式是从流中返回一个字符，如果到达文件尾，则返回 EOF，例如，和上一个语句等效的语句是

```
x = fb.get();
```

注：文件结束符占用 1 个字节，其值为 -1，ios 类中的 EOF 常量定义为 -1。通过字符变量依次读取字符文件中的字符时，如果读入的字符等于文件结束符 EOF，则为文件访问结束。

③ 原型为

```
ifstream &get(char * buf,int num,char delim = '\n');
```

这种形式将字符读入由 buf 指向的数组，直到读入了 num 个字符或者遇到了由 delim 指定的字符，若未使用 delim 参数，则将使用默认值（换行符'\n'）。例如，一个从 f1 文件中读取字符给字符串变量 Zhang，当遇到字符'E'或者读取了 100 个字符时终止的语句是：

```
fb.get(Zhang,100,'E'); //
```

（3）读写数据块
读写二进制数据块时，使用成员函数 read()和 write()，它们原型分别为

```
read(unsigned char * buf,int num);
write(const unsigned char * buf,int num);
```

read()函数从文件中读取 num 个字符到 buf 指向的缓存中，如果尚未读入 num 个字符就到了文件尾，可使用成员函数 gcount（原型为 int gcount();）来取得实际读取的字符数。

write()函数从 buf 指向的缓存写 num 个字符到文件中（缓存类型是 unsigned char * ，有时可能需要类型转换）。

3. 文件定位

C++的 I/O 系统管理两个与文件关联的指针（和 C 的文件操作方式不同）：读指针和写指针。读指针说明输入操作在文件中的位置；写指针说明下次写操作的位置。每次执行输入或输出时，相应指针自动变化。所以，C++的文件定位分为读位置定位和写位置定位，对应的成员函数是 seekg()和 seekp()。seekg()设置读位置，seekp 设置写位置。最通用的形式分别为

```
istream &seekg(streamoff offset,seek_dir origin);
ostream & seekp(streamoff offset,seek_dir origin);
```

其中，streamoff 定义于 iostream 头文件中，定义有偏移量 offset 所能取得的最大值，seek_dir 表示移动的基准位置，是一个取以下值的枚举：

```
ios::beg:          文件开头
ios::cur:          文件当前位置
ios::end:          文件结尾
```

这两个函数一般用于二进制文件（文本文件可能会因字符在具体系统中的解释而不同于预想值）。例如，一个将 xFile 文件的读指针从当前位置向后移 8192 个字节的语句是：

```
xFile.seekg(1234,ios::cur);          //把文件的读指针从当前位置向后移 1234 个字节
```

10.2　程序解析

本章解析 3 个程序：第 1 个程序读取用户输入的字符串（输入流），从中取出并输出数字符号（0、1、2、…）构成的子串；第 2 个程序将包括姓名和电话号码的通信录写入一个文本文件，然后进行查找操作；第 3 个程序以二进制方式打开文件，并进行学生记录的输入和输出操作。

通过这 3 个程序的阅读和调试，可以较好地理解 I/O 流的概念、文件的概念以及 C++ 中 I/O 流类库的作用。掌握通过 I/O 流类与对象进行数据输入输出的常用方法以及读写磁盘文件的一般方法。

程序 10-1　从输入流中分析出数字串

本程序的功能为，接收来自于标准设备（键盘）的输入，然后输出到标准设备（显示器）。如果发现输入内容中包含一串数字，则筛选出其中的数字，并输出相应的提示信息。

本程序中，使用 while 语句

```
while (cin.get(ch) && !cin.eof() && !isdigit(ch));
```

来接收键盘输入的非数字字符，并且在输入 Ctrl+z 后终止程序运行。

【提示】　括号中的 3 个表达式

- cin.get(ch) 调用流对象 cin 的 get 函数，从流中读取 1 个字符并赋予 ch。
- cin.eof() 调用流对象 cin 的 eof 函数，判断是否已到文件末尾。

（windows 中为 Ctrl+Z 组合键）

- isdigit(ch) 调用标准库函数，当 ch 是数字字符时，函数返回 TRUE。

1. 算法分析

(1) 定义存放数字串的字符数组 digit[10]。

(2) 逐个读取输入流中字符，直到遇见数字字符或 ^z 为止。

(3) 逐个读取其后输入流中的数字字符，并统计个数，直到遇见 ^z 为止（读取的数字串放入 digit 数组）。

(4) 为读取的数字字符串加上串结束符（digit 数组末元素赋值为\n）。

(5) 判断：未遇 ^z? 是则字符放入输入流。

(6) 判断：流对象 cin 已撤消或遇 ^z? 是则转向(8)。

(7) 输出数字串（digit 数组）。

(8) 算法结束。

2. 程序

```
//程序 10-1_ 读取输入流中的数字串
#include<iostream>
using namespace std;
//主函数：调用 seekDigit 函数，读取输入串中数字串
int main()
{    int seekDigit(char *);
    char digit[10];
    while (seekDigit(digit))
    {    cout <<"包含数字串：";
        cout << digit << endl;
    }
    return 0;
}
//读取输入流中数字串的函数
int seekDigit(char * str)
{    * str = '\0';
    char ch;
    cout <<"串中找数字串：源串(^z结束)?";
    //逐个读取输入流中字符，直到遇见数字字符或^Z时为止
    while(cin.get(ch) && !cin.eof() && !isdigit(ch));
    //逐个读取输入流中的数字字符，并统计个数
    do
        * str++ = ch;
    while(cin.get(ch) && !cin.eof() && isdigit(ch));
    //为读取的数字串加上串结束符
    * str = '\0';
    //未遇结束符时，将字符放回输入流
    if(!cin.eof())
        cin.putback(ch);
    //cin 对象已撤消或遇^Z时，正常返回
    if(!cin||cin.eof())
        return 0;
    return 1;
}
```

3. 程序运行结果

本程序的一次运行结果如下：

```
串中找数字串：源串(^z结束)? about 16 years ago
包含数字串：16
串中找数字串：源串(^z结束)? salary was around $9000
包含数字串：9000
串中找数字串：源串(^z结束)? It cost over $500 a throw.
包含数字串：500
串中找数字串：源串(^z结束)? ^z
```

程序 10-2 通信录文本文件

本程序先将通信录数据（姓名、电话）

张京	13100200315
王莹	13990901023
……	……

写入通讯录文件 record.txt 中。然后重新打开 record.txt 文件，根据用户输入的姓名查询，如果在文件中找到了要查询的人，则输出其姓名和电话，否则输出"通信录中无此人！"。

1. 算法分析

（1）定义表示姓名、电话和待查人的变量。

（2）以写入方式打开 record.txt 文件。

（3）判断是否未打开（创建）？

　　　　是则转向（13）。

（4）逐个向 record.txt 文件中写入通信录（多个人的姓名、电话）。

（5）关闭 record.txt 文件。

（6）再以读出方式打开 record.txt 文件。

（7）判断是否未打开（创建）？

　　　　是则转向（13）。

（8）输入待查姓名。

（9）逐个取出 record.txt 中所有记录，与待查姓名比较。

（10）判断是否未找到该人记录？

　　　　是则输入姓名和电话；

　　　　否则输出"通信录中查无此人！"。

（11）提问还找吗？

（12）输入'y'则转向（8）。

（13）算法结束。

2. 程序

```cpp
//程序 10-2_通信录文件
# include < iostream >
# include < fstream >
using namespace std;
int main()
{    char name[20],mobile[20],person[20];
     int i;
     ofstream out("record.txt");
```

```
        if(!out)
    {   cout <<"文件未建成!"<< endl;
        return 1;
    }
    out <<"张京     13100200315"<< endl;
    out <<"王莹     13990901023"<< endl;
    out <<"李玉     18008086013"<< endl;
    out <<"刘袁     13889920102"<< endl;
    out <<"陈方     15105068956"<< endl;
    out <<"周远     15105068956"<< endl;
    out <<"李三     13331323303"<< endl;
    out <<"张晓     18905060991"<< endl;
    out <<"王胡     15101020293"<< endl;
    out.close();
    ifstream in("record.txt");
    if(!in)
    {   cout <<"没有通信录文件 record.txt!"<< endl;
        return 2;
    }
    char yes = 'y';
    do
    {   cout <<"按姓名查询: 姓名?";
        cin >> person;
        for(i = 0;i < 9;i++)
        {   in >> name >> mobile;
            if(strcmp(person,name) == 0)
            {   cout <<"你找的"<< name <<"的电话是"<< mobile << endl;
                break;
            }
        }
        if(i == 9)
            cout <<"通信录中无此人!"<< endl;
        cout <<"还查吗(y/n)?";
        cin >> yes;
    }while(yes == 'y');
    in.close();
    return 0;
}
```

3. 程序运行结果

该程序的一次运行结果如下：

```
按姓名查询: 姓名?王莹
你找的王莹的电话是 13990901023
还查吗(y/n)? y
按姓名查询: 姓名?刘袁
你找的刘袁的电话是 13889920102
```

还查吗(y/n)? y
按姓名查询：姓名?吴晓
通信录中无此人!
还查吗(y/n)? n

程序 10-3　二进制方式打开指定文件

本程序先将学生数据

```
150103    zhang   f   19
150203    Li      m   20
… …
```

组织在结构体数组中，再写入二进制文件并关闭文件。然后再次打开该文件，读出其中的内容，显示出来并关闭文件。

1. 算法分析

(1) 定义表示学生的结构体类型 student，包括：
   学号、姓名、性别、年龄
(2) 定义 student 类型的数组 soft1，并存入几个学生的数据。
(3) 以输出方式打开(创建)e 盘上的二进制文件。
(4) 判断是否未打开(创建)？ 是则
   转向(10)。
(4) 逐个向 stuInf. dat 文件中写入 soft1 数组的内容。
(5) 关闭 stuInf. dat 文件。
(6) 以输入方式打开 e 盘上的二进制文件 stuInf. dat。
(7) 判断是否未打开？ 是则
   转向(10)。
(8) 逐个读出 stuInf. dat 文件中的内容，并输出到显示器上。
(9) 关闭 stuInf. dat 文件。
(10) 算法结束。

2. 程序源代码

```cpp
//程序 10-3_ 二进制文件存放学生信息
#include <iostream>
#include <iomanip>
#include <fstream>
using namespace std;
struct student
{   int sID;
    char name[10];
    char sex;
```

```
            int age;
        };
        int main()
        {   struct student soft1[5] =
                    {    150103,"Zhang",'f',19,
                         150203,"Li",'m',20,
                         153539,"Wang",'f',21,
                         158089,"feng",'f',18,
                         152068,"Jin",'m',19
                    };
            struct student soft2[5];
            //写入方式打开(创建)二进制文件
            fstream out("e:stuInf.dat",ios::out|ios::binary);
            if (out.fail())
            {   cout <<"文件打不开!"<< endl;
                return 0;
            }
            for(int i = 0;i < 5;i++)
                out.write((char * )&soft1[i],sizeof(soft1[i]));
            out.close();
            //读出方式打开二进制文件
            fstream in("e:stuInf.dat",ios::in|ios::binary);
            if (in.fail())
            {   cout <<"文件打不开!"<< endl;
                return 0;
            }
            for(int i = 0;i < 5;i++)
            {   in.read((char * )&soft2[i],sizeof(soft2[i]));
                cout << setw(8)<< soft2[i].sID << setw(10)<< soft2[i].name;
                cout << setw(2)<< soft2[i].sex << setw(4)<< soft2[i].age << endl;
            }
            in.close();
            return 1;
        }
```

3. 程序运行结果

本程序的运行结果如下：

```
150103    Zhang f   19
150203    Li m      20
153539    Wang f    21
158089    feng f    18
152068    Jin m     19
```

10.3   实验指导

本章安排3个实验：第1个实验练习几种不同的数据输出格式控制方法：使用 ios 类的控制格式化输出的成员函数、使用格式化输出操作符；第2个实验练习几种不同成员函数控制下的数据输入方法：多种不同格式的 get 函数、getline 函数、write 函数。第 3 个实验练习两种不同格式的文件的操作：文本文件写入和读出操作、二进制文件写入和读出操作。

通过这 3 个实验，可以理解流、数据文件的概念以及 C++的 I/O 流类库的功能与特点，掌握基本的数据输入输出方法以及文件写入和读出方法。

实验 10-1　输出操作

本实验编写并调试 3 个小程序：第 1 个程序分别以默认格式、控制格式化输出的成员函数以及用于格式化输出的操作符来控制浮点型变量和整型变量的输出格式；第 2 个程序先用特定的表达式对浮点型变量四舍五入，再用控制格式化输出的成员函数输出变量；第 3 个程序采用几种不同的方式输出字符串。

1. 输出 π 值（约率、密率）

【程序的功能】

本程序中，使用 I/O 流类中的格式化控制成员函数和操作符，按多种格式输出圆周率的"约率"和"密率"（中国古代数学家祖冲之所创）以及一个整数的值。

【程序设计步骤】

(1) 编写主函数，主函数的定义形式如下：

```
int main()
{   定义双精度型变量 pi_1 = 22.0/7
    定义双精度型变量 pi_2 = 355.0/113
    定义整型变量 n = 9003
    按默认格式输出 pi_1、pi_2 和 n
    按默认格式输出 pi_1、pi_2 和 n
    用 setprecision(0)格式输出 pi_1 和 pi_2
    用 setprecision(1)、setprecision(2)、setprecision(3)、setprecision(4)格式输出 pi_1 和
pi_2
    用 setiosflags(ios::fixed);及 setprecision(8)格式输出 pi_1 和 pi_2
    用 dec、hex 及 oct 格式输出 n
    用 setiosflags(ios::scientific) 格式输出 pi_1 和 pi_2
    设置输出格式为 setprecision(6)
    return 0;
}
```

(2) 在 Visual C++控制台工程中，输入并运行该程序。

2. 浮点数的四舍五入

【程序的功能】

本程序中，对浮点数进行四舍五入并按各种格式输出其值。

【程序设计步骤】

（1）编写主函数，主函数的定义形式如下：

```
int main()
{   定义双精度型变量 x1 = 33.49, x2 = 33.51
    定义双精度型变量 y1 = 99.1234, y2 = 99.5678
    使用 int(a + 0.5)表达式四舍五入并输出 x1、x2
    使用 int(y1 * 100 + 0.5)/100.0 表达式四舍五入(保留 3 位小数)并输出 y1、y2
    定义浮点型(float)变量 a = 3.1456, b = 3.1234
    使用格式 setf(ios::fixed);和 precision(2)输出 a、b
    return 0;
}
```

（2）在 Visual C++控制台工程中，输入并运行该程序。

3. 检验程序段的执行结果

【程序设计步骤】

（1）将以下程序段放入主函数中：

```
char xChar[] = "Good morning";
string yChar = "all the different kinds";
cout << xChar << endl;
cout << yChar << endl;
cout.put('x').put('C').put('h').put('\a').put('r').put('\n');
cout.write(xChar, 9) << endl;
```

（2）在 Visual C++控制台工程中，输入并运行该程序。

实验 10-2　输入操作

本实验中，给出几个分别采用不同形式的 ios 类成员函数来输入数据的程序段，要求将这些程序段输入主函数中，然后在 Visual C++控制台工程中运行并分析运行结果。

（1）原型：int get();

```
//读到结束标记返回 EOF( - 1)
while(true)
{   cout << cin.get() << '\\';
    if(cin.eof())break;
}
```

（2）原型：istream &get(char&);

```
//读到结束标记返回 NULL 指针
char c;
while(true)
{   cout << cin.get(c) << endl;
    if(cin.eof())break;
}
```

（3）原型：i stream &get(char * ,int n,char delimit＝'\n');

```
//get 不从流中取出结束符,默认结束符是回车
char s1[10],s2[10],s3[10];
cin.get(s1,10);
cin.get(s2,10);
cin.get(s3,10);
cout <<" -------------------- \n";
cout << s1 << endl;
cout << s2 << endl;
cout << s3 << endl;
```

（4）原型：istream &getline(char * ,int n,char delimit＝'\n');

```
//getline 将从流中取出结束符,默认结束符是回车
char s1[10],s2[10],s3[10];
cin.getline(s1,10);
cin.getline(s2,10);
cin.getline(s3,10);
cout <<" -------------------- \n";
cout << s1 << endl;
cout << s2 << endl;
cout << s3 << endl;
```

（5）原型：isrream &read(char * ,int);

```
char c[10];
cin.read(c,10);
cout.write(c,cin.gcount())<< endl;
```

实验 10-3　文件读写操作

本实验编写并运行 3 个程序：第 1 个程序将几行数据写入一个文本文件的程序并调试运行,然后将程序修改成从刚形成的文件打开并读出其内容的程序,再次调试和运行；第 2 个程序先将一批数字写入文本文件,随后再读取该文件,统计文件的大小并输出统计结果；第 3 个程序读出一个 C++ 源代码文件的内容,然后将其写入一个文本文件中。

1. 文本文件的创建和读写

【程序的功能】
本程序中,创建一个文本文件并写入一个学生 3 门课程的成绩。

【程序设计步骤】
（1）编写主函数,创建一个名为 grade.txt 的文本文件,并写入一个学生 3 门课程的成绩（数学、程序设计、英语）。主函数的定义形式如下：

```
int main()
```

```
{    ofstream outfile("grade.txt");
     判断: 打开不成功(!infile)?是则
     {    输出"文件打不开!"
          返回 1
     }
     写入数学课程的成绩(outfile <<"数学: "<< 95 << endl;)
     写入程序设计课程的成绩
     写入英语课程的成绩
     return 0;
}
```

（2）在 visual C++控制台工程中，输入并运行该程序。

（3）在 Windows 系统中，找到刚才创建的 grade. txt 文件，在"记事本"中打开它，查看里面的内容。

（4）重编写主函数，读出刚才创建的 grade. txt 文件中的所有内容并输出在显示器上。这时，主函数的定义形式如下：

```
int main()
{    ifstream infile("grade.txt");
     判断: 打开不成功(!infile)?是则
     {    输出"文件打不开!"
          返回 1
     }
     定义字符数组 course[20]
     定义浮点型变量 score
     读取第 1 门课程的名称和成绩(infile >> course >> score;)
     输出第 1 门课程的名称和成绩
     读取第 2 门课程的名称和成绩(infile >> course >> score;)
     …
     return 0;
}
```

（5）在 visual C++控制台工程中再次运行该程序。

2. 存放一批随机数的文本文件

【程序的功能】

本程序中，先将 90 个随机数写入文本文件 A. TXT 中，数据之间以空格分隔。随后再读取该文件，统计文件的大小（包含的字节数），并在屏幕上显示统计结果。

【提示】 随机函数 rand()，可给一个参数初始化随机数发生器（如 srand(10)）。

【程序设计步骤】

（1）编写主函数，主函数的定义形式如下：

```
int main()
{    以写入方式打开文本文件 A. TXT
     判断: 打开不成功(!infile)?是则
     {    输出"文件打不开!"
```

```
        返回 1
    }
    定义整型变量 x
    给随机数种子
    循环(从 i = 1 到 i <= 90)
    {    产生一个随机数赋予变量 x
         变量 x 写入文件
    }
    文件中写入空行
    关闭文件
    定义整型变量 count = 0
    定义字符变量 ch
    以读出方式打开二进制文件 A.TXT
    判断: 打开不成功(!infile)?是则
    {    输出"文件打不开!"
         返回 2
    }
    循环(文件未结束时)
    {    读取文件中一个字符
         判断: 非文件结束符?是则
             count 加 1
    }
    关闭文件
    输出字节数 count
    return 0;
}
```

(2) 在 visual C++ 控制台工程中运行该程序。

3. 读 C++源文件并写入数据文件

【程序的功能】

本程序中,先读取一个 C++语言的源代码文件(.cpp)的内容,给每一行加上行号,然后保存到文件名为 code.txt 的数据文件中。

【程序设计步骤】

(1) 编写主函数,主函数的定义形式如下:

```
int main()
{    定义字符型变量 ch、字符数组 str[90]
     定义整型变量 line = 1
     输入文件路径名给 str(如"C:\count.cpp")
     以二进制及读出方式打开以 str 为名的文件
     以写入方式打开另一个文本文件 code.txt
     判断: 打开不成功(!in||!out)?是则
     {    输出"文件打不开!"
          返回 1
```

```
        }
    向 code.txt 文件中写入行号 1
    循环(未到源代码文件末尾时)
    {   从源代码文件当前行中读 1 个字符给 ch
        判断：非行结束符?是则
            写入 code.txt 文件
        判断：读入的是行结束符(ch == '\n')?是则
        {   行号加 1
            行号写入 code.txt 文件
        }
    }
    关闭源代码文件
    关闭 code.txt 文件
    return 0;
}
```

（2）在 visual C++ 控制台工程中，输入并运行该程序。

附录 A ASCII码表

进　位　制				名称或字符	进　位　制				名称或字符
二	八	十六	十		二	八	十六	十	
0000 0000	0	0	00	空 NULL	0100 0000	100	40	64	@
0000 0001	1	1	1	题始 SOH	0100 0001	101	41	65	A
0000 0010	2	2	2	文始 STX	0100 0010	102	42	66	B
0000 0011	3	3	3	文末 ETX	0100 0011	103	43	67	C
0000 0100	4	4	4	送毕 EOT	0100 0100	104	44	68	D
0000 0101	5	5	5	请求 ENQ	0100 0101	105	45	69	E
0000 0110	6	6	6	确认 ACK	0100 0110	106	46	70	F
0000 0111	7	7	7	响铃 BEL	0100 0111	107	47	71	G
0000 1000	10	8	8	退格 BS	0100 1000	110	48	72	H
0000 1001	11	9	9	横表 HT	0100 1001	111	49	73	I
0000 1010	12	A	10	换行 LF	0100 1010	112	4A	74	J
0000 1011	13	B	11	纵表 VT	0100 1011	113	4B	75	K
0000 1100	14	C	12	换页 FF	0100 1100	114	4C	76	L
0000 1101	15	D	13	回车 CR	0100 1101	115	4D	77	M
0000 1110	16	E	14	移出 SO	0100 1110	116	4E	78	N
0000 1111	17	F	15	移入 SI	0100 1111	117	4F	79	O
0001 0000	20	10	16	链扩 DLE	0101 0000	120	50	80	P
0001 0001	21	11	17	控 1 DC1	0101 0001	121	51	81	Q
0001 0010	22	12	18	控 2 DC2	0101 0010	122	52	82	R
0001 0011	23	13	19	控 3 DC3	0101 0011	123	53	83	S
0001 0100	24	14	20	控 4 DC4	0101 0100	124	54	84	T
0001 0101	25	15	21	否认 NAK	0101 0101	125	55	85	U
0001 0110	26	16	22	同步 SYN	0101 0110	126	56	86	V
0001 0111	27	17	23	块末 ETB	0101 0111	127	57	87	W
0001 1000	30	18	24	作废 CAN	0101 1000	130	58	88	X
0001 1001	31	19	25	结尾 EM	0101 1001	131	59	89	Y
0001 1010	32	1A	26	置换 SUB	0101 1010	132	5A	90	Z
0001 1011	33	1B	27	扩展 ESC	0101 1011	133	5B	91	[
0001 1100	34	1C	28	卷界 FS	0101 1100	134	5C	92	\
0001 1101	35	1D	29	组界 GS	0101 1101	135	5D	93	]
0001 1110	36	1E	30	录界 RE	0101 1110	136	5E	94	ˆ
0001 1111	37	1F	31	位界 US	0101 1111	137	5F	95	_
0010 0000	40	20	32	空格 SP	0110 0000	140	60	96	^
0010 0001	41	21	33	!	0110 0001	141	61	97	a
0010 0010	42	22	34	"	0110 0010	142	62	98	b
0010 0011	43	23	35	#	0110 0011	143	63	99	c
0010 0100	44	24	36	$	0110 0100	144	64	100	d
0010 0101	45	25	37	%	0110 0101	145	65	101	e
0010 0110	46	26	38	&	0110 0110	146	66	102	f
0010 0111	47	27	39	`	0110 0111	147	67	103	g

进 位 制				名称或字符	进 位 制				名称或字符
二	八	十六	十		二	八	十六	十	
0010 1000	50	28	40	(	0110 1000	150	68	104	h
0010 1001	51	29	41	)	0110 1001	151	69	105	i
0010 1010	52	2A	42	*	0110 1010	152	6A	106	j
0010 1011	53	2B	43	+	0110 1011	153	6B	107	k
0010 1100	54	2C	44	,	0110 1100	154	6C	108	l
0010 1101	55	2D	45	-	0110 1101	155	6D	109	m
0010 1110	56	2E	46	.	0110 1110	156	6E	110	n
0010 1111	57	2F	47	/	0110 1111	157	6F	111	o
0011 0000	60	30	48	0	0111 0000	160	70	112	p
0011 0001	61	31	49	1	0111 0001	161	71	113	q
0011 0010	62	32	50	2	0111 0010	162	72	114	r
0011 0011	63	33	51	3	0111 0011	163	73	115	s
0011 0100	64	34	52	4	0111 0100	164	74	116	t
0011 0101	65	35	53	5	0111 0101	165	75	117	u
0011 0110	66	36	54	6	0111 0110	166	76	118	v
0011 0111	67	37	55	7	0111 0111	167	77	119	w
0011 1000	70	38	56	8	0111 1000	170	78	120	x
0011 1001	71	39	57	9	0111 1001	171	79	121	y
0011 1010	72	3A	58	:	0111 1010	172	7A	122	z
0011 1011	73	3B	59	;	0111 1011	173	7B	123	{
0011 1100	74	3C	60	<	0111 1100	174	7C	124		
0011 1101	75	3D	61	=	0111 1101	175	7D	125	}
0011 1110	76	3E	62	>	0111 1110	176	7E	126	~
0011 1111	77	3F	63	?	0111 1111	177	7F	127	删除 del

附录 B

程序的调试与纠错

编程序时可能会产生错误,找出并排除错误的过程就是调试(Debug)。较大或者较为复杂的程序往往需要经过反复的调试和修改才能完成。因此,每个程序设计者都应该了解基本的程序调试技术。

附 B.1 程序设计中常见的错误

可将程序设计中常见的错误分为 4 种:编译错误、连接错误、运行时错误和逻辑错误。

1. 编译错误

编译错误即程序在编译过程中出现的错误。产生错误的原因一般是由于程序中存在不正确的代码,如非法使用或丢失关键字、遗漏了某些必要的符号、函数调用时缺少参数或者传递了不匹配的参数等。例如图附 B-1 所示程序中,因为语句

```
fior( int i = o;i < 100;i++){}
```

错将关键字"for"写成了"fior",编译时就会产生错误,"错误列表"窗口中列出了相应的错误信息。

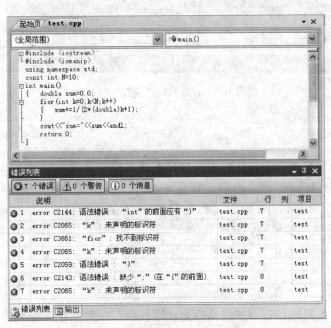

图附 B-1 程序代码及编译错误列表

如果双击某个错误项,则光标就会自动定位到出错的那一行上。如果移动光标到某个错误项上再按 F1 键,则可启动 MSDN,显示出错误的内容。

2. 连接错误

连接错误即在为建立可执行文件而进行的连接处理过程中发生的错误。如果程序中引用了不存在的变量、函数、标号等对象（可能是因为写错了对象的名字）或者调用函数时使用了不符合定义的参数（参数类型或个数不匹配），都可能引发连接错误。

一种很常见的连接错误是，所引用的对象（函数、变量、标号等）无法在目标文件或库文件中找到。例如图附 B-2 所示程序中，因为所引用的外部变量（int N）无法找到而产生了连接错误，"错误列表"窗口中列出了相应的错误信息。

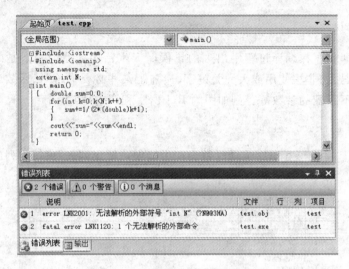

图附 B-2　程序代码及连接错误列表

3. 运行时错误

运行时错误即应用程序在运行期间执行了非法操作或者某些操作失败，如找不到试图打开的文件、磁盘空间不够、网络连接断开、数组下标越界、除式中的除数为零等。例如图附 B-3(a)所示程序中，因为试图访问并不存在的数组元素 empArr[5]（最大为 empArr[4]）而导致连接错误。这时，"输出"窗口中列出了相应的错误信息，同时弹出一个如图附 B-3(b)所示的信息框，显示了同样的信息。

4. 逻辑错误

逻辑错误指的是应用程序未按预期方式运行所产生的错误。一般来说，这不是语法方面的问题，应用程序可以执行，但得到的不是预期的结果。例如，执行下面的程序段时，本来希望给数组元素 strArr[5]赋值为 5，其余数组元素都置为零，但因为赋值语句和循环语句的顺序写反了，执行过后得不到预期的结果。

```
int stuArr[10];
strArr[5] = 5;
```

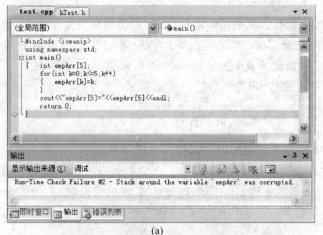

(a)

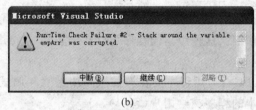

(b)

图附 B-3　程序代码及运行时弹出的错误信息框

```
for( int k = 0;k < 10;k++)
    strArr[k] = 0;
```

附 B.2　程序的调试

程序调试就是在所编写的程序投入运行之前,用手工方式或调用编译程序进行测试,纠正语法错误和逻辑错误的过程,这是保证程序正确性必不可少的步骤。

应用程序中的编译错误、连接错误和运行时错误都是 Visual C++开发环境自动发现的,必须在运行通过之前解决,否则无法得到结果。而应用程序中的逻辑错误并不妨碍 Visual C++开发环境对它的处理,但得到的结果却是不可靠的,这种错误只能通过程序调试来解决。

为了解决应用程序中的查错和纠错问题,Visual C++开发环境提供了一种称为调试器的工具,可用于监视程序的执行、查找并消除逻辑错误。

1. 程序的两种调试方式

程序调试方法可以分为两种:

(1) 程序的静态调试:就是在编写完程序之后,由人工"代替"或者"模拟"计算机来检查程序,设法找出程序中违背语法规则的问题或者逻辑结构上的问题。实践证明,很多错误都可以通过静态检查找出来,从而缩短上机调试的时间,提高程序设计的整体效率。

（2）程序的动态调试：就是实际上机调试，动态调试贯穿于编译、连接和运行的整个过程中。根据程序在编译时、连接时或者运行时集成开发环境给出的错误信息进行调试，是最常用的程序调试方法，也是初步的动态调试。在此基础上，可以通过"分段隔离"、"设置断点"、"跟踪打印"等手段进一步地调试。

2. Visual C++ 应用程序的两种版本

Visual C++中编写的应用程序可以被编译成两种版本：

（1）调试（Debug）版本：调试版本的 Visual C++ 应用程序中包含调试信息且不作任何优化，以便编程者调试程序。程序中的绝大多数纠错调试都是在调试版本中进行的。这种版本的程序只能在安装了 Visual C++环境的计算机上运行，否则，会提示缺少动态链接库。

（2）发布（Release）版本：往往进行各种优化，力求使程序在代码大小和运行速度等方面达到最优，以方便使用。这种版本的程序可以在未安装 Visual C++环境的计算机上运行。

一般情况下，Visual C++应用程序要在调试版本中编写和调试，符合要求后，再生成发布版本，并将发布版本的程序交给用户（客户）。

应用程序的两种不同版本可以在如图附 B-4 所示的解决方案配置组合框中切换（当前为 Debug 版本）。

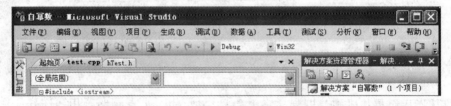

图附 B-4　标准工具栏上的解决方案配置组合框

3. 常用动态调试功能

应用程序调试过程中，可以充分控制其执行过程，包括以不同的方式启动调试过程、中断应用程序的执行等。常用的调试方式有：

（1）启动调试（Start Debugging）：应用程序开始执行并一直执行到程序结束或者遇到断点（人为设置的）为止。

（2）逐语句执行（Step Into）：应用程序开始执行，执行到第 1 条语句处中断，以后每发一次命令（如按 F8 键）执行一条语句。当遇到函数调用时，会进入被调用函数内部去执行。

（3）逐过程执行（Step Over）：类似于逐语句执行，但不进入被调用函数内部，而是将函数调用当作一条语句来执行。

（4）执行当前函数（Step Out）：从当前语句开始，不间断地（除非碰到断点）执行完当前函数,然后返回到调用它的外层函数。

(5) 执行到到光标处(Run to Cursor):执行程序,直到遇到光标为止。

Visual C++开发环境中的调试菜单中提供了不同调试方式的相应命令,标准工具栏上也有相应的按钮可用。

4. 设置断点

程序调试过程中,往往需要程序执行到某行时中断(暂停执行),以便进行查错、分析和纠错等工作,这就需要在指定位置设置断点。可见,断点就是程序暂停执行的位置。设置断点是调试应用程序时经常使用的一种手段。

(1) Visual C++中,单击某个语句左边对应的断点指示区或者右击语句并选择快捷菜单中的"插入断点"项,都可以在当前语句处设置断点。

(2) Visual C++中还可以设置"高级"断点:设置断点后,右击断点并选择快捷菜单中相应项,即可为该断点设置条件、命中次数等"高级"性能:

- 条件:即为断点指定一个条件(表达式),当执行到此时,判断表达式是否为逻辑真值,是才中断程序的执行,称为命中该断点。
- 命中次数:指定断点被命中多少次时才会中断程序的执行。
- 筛选器:指定该断点只用于某些进程或线程。
- 命中条件:指定命中断点时执行什么操作。

5. 观察程序执行过程中的变量和表达式

Visual C++2008调试器提供了多种变量窗口,用于显示、计算和编辑变量与表达式。每个变量窗口都是网格窗口,其中包含3列:名称、值、类型,分别列出变量名或表达式、变量或表达式的值、变量或表达式的数据类型。

(1) 局部变量窗口:显示正在执行的过程或函数中的变量。可以在局部变量窗口中修改变量的值(修改过的值显示为红色),如图附 B-5 所示。

(2) 自动窗口:显示当前代码行和上一代码行中使用的变量。对于本机上的 C++,自动窗口还显示函数的返回值。

(3) 监视窗口:显示欲监视其值的变量。还可以添加变量以外的其他内容(调试器所能识别的任何有效表达式)。

(4) 快速监视对话框:在概念上类似于"监视"窗口,但每次只显示一个变量或表达式。如果需要快速查看变量或表达式而不想打开"监视"窗口,则可使用"快速监视"。

虽然"快速监视"是对话框,但其工作方式很像其他变量窗口。

注:Visual C++的"调试"菜单的"窗口"子菜单中包含调用这些窗口的选项,但只有当调试器正在运行或处理中断模式时才能使用这些窗口,设计模式下不能显示它们。另外,如果"调试"菜单中找不到相应的菜单项,还要自行添加上去。方法是,选择"工具"菜单中的"自定义"项,打开"自定义"对话框,切换到"命令"页,在列表中找到命令项(如"局部变量"),将其拖放到"调试"菜单的"窗口"子菜单中。

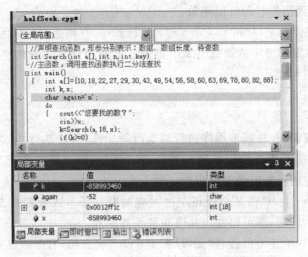

图附 B-5　标准工具栏上的解决方案配置组合框

图形用户界面应用程序

在 Visual C++ 集成开发环境中，不仅能够编写和运行字符方式的"控制台应用程序"，还能够编写和运行图形用户界面的"Windows 应用程序"。这种程序采用窗口、对话框以及它们上面摆放的各种控件（按钮、菜单栏、工具栏、状态栏、信息框等）直观地与用户进行信息交换。这种程序的用户界面（窗口、对话框以及其上的各种控件）的设计可以通过拖放、对齐、单击、双击、右击后选择快捷菜单项等各种操作来直观地完成（称为"可视化"）。

附 C.1　Visual C++ 的 Windows 应用程序

Windows 操作系统是采用图形用户界面的多任务操作系统（宏观上允许多个任务同时运行）。Windows 操作系统中运行的应用程序具有以下特点：

- 面向对象的设计方法。
- 标准的图形用户界面。
- 事件驱动（消息驱动）驱动机制：Windows 应用程序通过发送和处理消息来响应所发生的事件（如单击按钮），完成预期的操作。

一般来说，图形用户界面应用程序的结构较为复杂，应用程序向导会预先生成由许多代码构成的程序"框架"，程序设计者要在这个框架的适当位置填充必要的代码。

1. MFC 类库

可以使用 MFC 类库来设计图形用户界面的应用程序。MFC 是微软公司在 Windows API()基础上构建的一个基础类库，其中包含用于开发 C++应用程序及其他 Windows 应用程序的一组类。这些类用来表示窗口、对话框、设备环境和公共 GDI（Graphical Device Interface，图形设备接口）对象（画笔、调色板、控制框及其他标准 Windows 部件）。使用 MFC 可以简化 Windows 程序设计工作。

注：.Net 是微软新一代的开发框架，是在 Windows 非托管 API 的基础上封装出来的托管类库，提供了纯面向对象的虚拟机，可支持 Visual Basic、C++、C♯等多种语言编写程序。

Windows 应用程序可按所使用的类库以及工作方式的不同而分为多种。使用传统的 MFC 类库的图形界面程序大体上可分为 5 种：标准 Windows 应用程序、对话框、基于窗体的应用程序、资源管理器样式的应用程序和 Web 浏览器样式的应用程序。

2. Windows 常用数据类型

Windows 应用程序的构成比较复杂，所支持的数据类型比较多。表附 C-1 列举了常用的几种。

表附 C-1 Windows 常用数据类型

Windows 数据类型	对应基本类型	说　明
BOOL	int	取布尔值
BYTE	unsigned char	8 位无符号整数
COLORREF	unsigned long	用作颜色的 32 位整数
SHORT	short	16 位有符号整数
WORD	unsigned short	16 位无符号整数
DWORD	unsigned long	32 位无符号整数
LONG	long	32 位有符号整数
LPARAM	long	作为参数传递给回调函数的 32 位值
LPCSTR	const char *	指向字符串常量的 32 位指针值
LPSTR	char *	指向字符串的 32 位指针值
LPCTSTR	const char *	指向 unicode 字符串常量的 32 位指针值
LPTSTR	char *	指向字符串的 32 位指针值
LRESULT	long	窗口过程或回调函数的 32 位返回值
UINT	unsigned int	32 位无符号整数
WPARAM	unsigned int	作为参数传递给回调函数的 32 位值

3. 消息与事件

事件(Event)是告知应用程序发生了某种情况的信号。事件可能是硬件(如鼠标、键盘)的动作，也可能是系统产生的动作(如系统中断、系统时钟)，还可能是用户操作应用程序时的动作(如单击鼠标、单击某个键)。用消息来描述事件发生的信息。因此，事件产生消息，消息响应事件。Windows 中几个常用的消息如下：

- WM-CREATE　　　　　　　　　创建窗体时产生的消息
- WM-PAINT　　　　　　　　　　窗体改变、刷新等产生的消息
- WM-QUIT　　　　　　　　　　创建窗体时产生的消息
- WM-LBUTTONDOWN　　　　　鼠标左键按下产生的消息
- WM-LBUTTONUP　　　　　　　鼠标左键弹起产生的消息
- WM-RBUTTONDOWN　　　　　鼠标右键按下产生的消息
- WM-RBUTTONUP　　　　　　　鼠标右键弹起产生的消息
- WM-MOUSEMOVE　　　　　　鼠标移动产生的消息
- WM-SIZE　　　　　　　　　　窗口大小变化产生的消息

Windows 系统中的消息是传递信息的实体。所有消息都用一个 MSG 对象表示。MSG 定义为

```
typedef struct tagMSG
{    HWND hwnd;              //获取消息的窗口句柄
     UINT message;          //消息标号
     WPARAM wParam;         //消息附加信息字参数
     LPARAM lParam;         //消息附加信息长字参数
```

```
    DWORD time;          //消息入消息队列的时间
    POINT pt;            //消息发送时光标所在位置
}MSG;
```

4. MFC 类库中几个常用的类

MFC 类库为编程序提供了一组通用的类，大部分类都是从 Cobject 类直接或间接派生出来的。下面是几个常用的类：

- CwinApp 类　　　派生 Windows 应用程序基类，提供成员函数初始化、运行和终止应用程序
- Cdocument 类　　应用程序文档类
- CView 类　　　　用于查看文档数据的应用程序视图类，显示数据并接收用户输入
- CFormView 类　　用于实现基于对话框模板资源的用户界面
- CCtrlView 类　　与 Windows 控件有关的所有视图的基类
- CWnd 类　　　　窗口类，是视图 Cview、框架 CframeWnd、工具条 CtoolBar、对话框 Cdialog、按钮 Cbutton 等绝大多数"窗口"类的父类

5. MFC 类库中的控件相关类

构造 Windows 应用程序的用户界面时，需要摆放各种控件。表附 C-2 列举了 MFC 类库中的几种控件类。

表附 C-2　控件相关类

类　名	对 应 控 件	说　明
CStatic 类	标签	标签上显示静态文本
CEdit 类	文本框	用户输入或程序输出信息
CRichEditCtrl 类	强文本框	用户输入、编辑文本或程序输出信息
CSliderCtrl 类	有滑杆控件	显示的列表或字符串太长时需要滑杆
CButton 类	按钮	产生单击事件（用文本作标题）
CBitmapButton 类	位图按钮	产生单击事件（用位图作标题）
CListBox 类	列表框	显示多个表项，以便观察或操作
CComboBox 类	组合框	单击拉出多个表项，以便观察或选择
CCheckListBox 类	复选列表框（检查框）	可勾选多个列表项
CTreeCtrl 类	树形查看控件	以树形结构显示的列表项
CToolBarCtrl 类	工具栏	工具栏上包括多个功能各异的按钮
CToolBar 类	含位图按钮的工具栏	工具栏上包括多个功能各异的位图按钮

程序附 C-1　求椭圆面积

本例中，使用 MFC 应用程序向导创建一个基于对话框的应用程序"框架"（仅实现通

用的基本功能且能够运行的"空"程序),在对话框中添加以下控件:

- 两个用于输入的单行文本框。
- 一个用于输出的多行文本框。
- 一个用于启动事件处理程序段(函数)执行的按钮。

然后编写相应的程序代码(事件处理函数),最后运行该程序。

本程序运行后,显示如图附 C-1 所示的对话框。如果用户在左半的两个单行文本框中分别输入某个椭圆的长轴值和短轴值,然后单击"求椭圆面积"按钮,则将在右半的多行文本框中输出椭圆的面积。

图附 C-1　程序附 C-1 的用户界面

1. 创建基于对话框的应用程序

(1) 选择菜单项:开始│所有程序│Microsoft Visual Stdio 2008│Microsoft Visual Stdio 2008,打开 Microsoft Visual Stdio 窗口。

(2) 选择菜单项:文件│新建│项目,或单击窗口上的"新建项目"按钮,弹出"新建项目"对话框,如图附 C-2 所示。

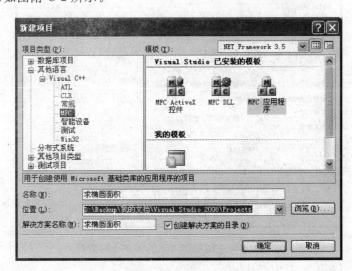

图附 C-2　新建项目对话框

在该对话框左侧的"Visual C++"条目中选择"MFC"；在"模板"列表中选择"MFC 应用程序"；在"名称"文本框中键入"表达式求值"作为应用程序的名称；在"位置"下拉列表框中输入或选择（单击"浏览"按钮，并在打开的对话框中查找）一个文件夹，作为保存应用程序的位置，然后单击"确定"按钮。

这时，将弹出"MFC 应用程序向导"的第一个对话框，如图附 C-3 所示。

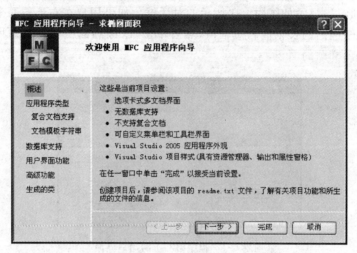

图附 C-3　应用程序向导的第 1 个对话框

（3）单击"下一步"按钮，在向导的第 2 个对话框的"应用程序类型"栏选择"基于对话框"单选项，如图附 C-4 所示，然后单击"下一步"按钮。

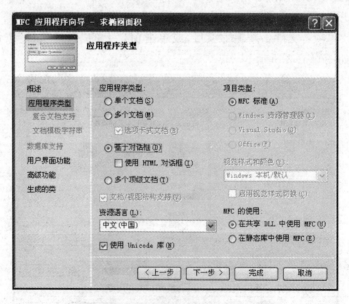

图附 C-4　应用程序向导的第 2 个对话框

（4）分别在应用程序向导的第 3 个、第 4 个对话框中进行"主框架样式"、"对话框标题"以及"高级功能"的设置(本例为默认设置),然后单击"下一步"按钮,弹出如图附 C-5 所示的第 5 个对话框。

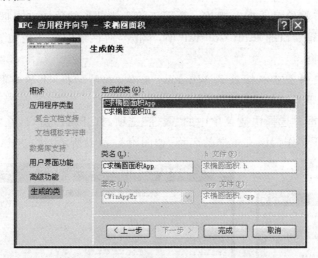

图附 C-5　应用程序向导的第 5 个对话框

(5) 单击"完成"按钮,则 Visual C++中创建一个标题栏显示"求椭圆面积"的空对话框,可用于摆放控件,形成图形用户界面,如图附 C-6 所示。

图附 C-6　创建了对话框的 Visual C++集成环境

2. 设计对话框

（1）按以下步骤给对话框上摆放一个用于输入椭圆长轴值的文本框：

- 选择工具箱窗口的"Edit Contral"项，单击空对话框中的适当位置，给对话框上放一个文本框。

注：工具箱提供了可以摆放到 Windows 窗体（或对话框）上的各种控件。可从"视图"菜单中打开工具箱，还可选择"停靠"或"自动隐藏"它。

- 右击文本框并选择快捷菜单中的"属性"选项，打开属性窗口，在"ID"栏输入"IDC_EDIT1_IN"作为该文本框的名称，如图附 C-7(a)所示。

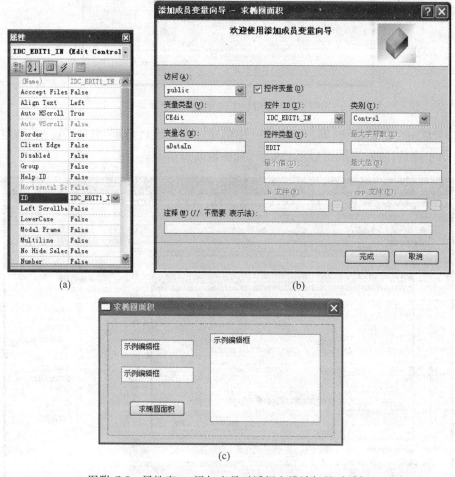

(a)　　　　　　　　　　(b)

(c)

图附 C-7　属性窗口、添加变量对话框和设计好的对话框

- 右击文本框并选择快捷菜单中的"添加变量"选项，打开添加变量对话框，如图附 C-7(b)所示。在"变量名"框中输入"aDataIn"作为成员变量名，该变量将在程序运行后接收用户在文本框中输入的数据。

（2）仿照（1），给对话框上摆放用于输入椭圆短轴值的文本框；在属性对话框中设置

"ID"属性的值为"IDC_EDIT2_IN";在添加变量对话框中设置"bDataIn"为成员变量名。

（3）仿照（1），给对话框上摆放一个用于输出椭圆面积值的文本框；在属性对话框中将其 multiline 属性的值修改为 True，"ID"属性的值设置为"IDC_EDIT3_OUT;在添加变量对话框中设置"m_dataOut"为成员变量名。

（4）仿照（1），给对话框上摆放一个按钮；在属性对话框中将 caption 属性的值修改为"求椭圆面积";在添加变量对话框中输入"areaOut"作为成员变量名。

设计好的对话框如图附 C-7(c)所示，其中几个控件的设置如表附 C-3 所示。

表附 C-3　对话框上几个控件的设置

控　件	属性名	属性值	ID 属性	变量类型	变量名称
文本框			IDC_EDIT1_IN	CEdit	aDataIn
文本框			IDC_EDIT2_IN	CEdit	bDataIn
文本框	Multiline	True	IDC_EDIT3_OUT	CEdit	areaOut
按钮	Caption	求椭圆面积	IDC_BUTTON1	CButton	areaBtn

3. 在应用程序框架中添加代码

（1）右击对话框上的按钮，选择"添加事件处理程序"选项，弹出"欢迎使用事件处理程序向导"对话框。

（2）单击其中的"添加编辑"按钮，打开如图附 C-8 所示的代码编辑窗口。

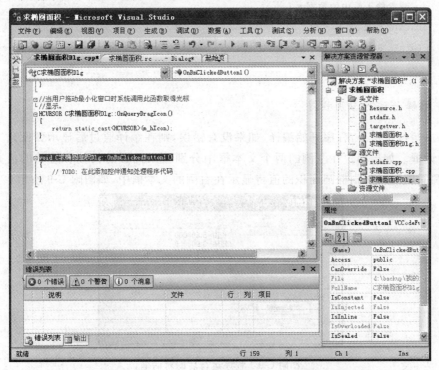

图附 C-8　Visual C++环境及其代码编辑窗口

（3）添加事件处理代码，添加了事件处理代码之后的事件处理函数如下：

```
void C 求椭圆面积 Dlg::OnBnClickedButton1()
{    // TODO: 在此添加控件通知处理程序代码
    //获取输入框中的数据
    CString s1,s2;                                    //定义字符串变量
    aDataIn.GetWindowTextW(s1);                        //文本框内容赋予变量
    double aIn = wcstod(s1.GetBuffer(0),NULL);         //字符串型转换为浮点型
    bDataIn.GetWindowTextW(s2);
    double bIn = wcstod(s2.GetBuffer(0),NULL);
    //求椭圆面积
    double area = 3.14159265 * aIn * bIn;
    //将求得的值转换为字符串显示
    s1.Format(L"长轴 = % f\r\n 短轴 = % f\r\n",aIn,bIn);
    s2.Format(L"椭圆面积 = % f\r\n",area);
    //在输出框中显示结果值
    int length = areaOut.GetWindowTextLength();        //获取输出框长度
    areaOut.SetSel(length,length);                     //移动插入符到正文末尾
    areaOut.ReplaceSel(s1);                            //显示
    areaOut.ReplaceSel(s2);
    /* 清除输入框中的数据 */
    aDataIn.SetSel(0, - 1);
    bDataIn.ReplaceSel(L"");
}
```

4. 编译并运行应用程序

单击运行按钮▶，程序开始编译，如果没有错误，则在编译通过后显示如图附 C-1 所示的对话框。如果用户在左侧的两个文本框中分别输入椭圆的长轴和短轴的值并单击"求椭圆面积"按钮，则椭圆面积的值将显示在右侧的文本框中，如图附 C-9 所示。

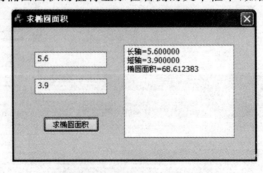

图附 C-9　程序运行后的对话框

程序附 C-2　画 Cosx 函数曲线

本例中,使用 MFC 应用程序向导创建一个单文档应用程序,并在视图(View)中实现画 cosx 函数曲线的功能。

1. 创建单文档应用程序

(1) 选择菜单项:开始│所有程序│Microsoft Visual Stdio 2008│Microsoft Visual Stdio 2008,打开 Microsoft Visual Stdio 窗口。

(2) 选择菜单选项:文件│新建│项目,或单击窗口上的"新建项目"按钮,弹出"新建项目"对话框。

在该对话框左侧的"Visual C++"条目中选择"MFC";在"模板"列表中选择"MFC 应用程序";在"名称"文本框中键入"Cosx 曲线"作为应用程序的名称;在"位置"下拉列表框中输入或选择(单击"浏览"按钮,并在打开的对话框中查找)一个文件夹,作为保存应用程序的位置,然后单击"确定"按钮。

这时,将弹出"MFC 应用程序向导"的第一个对话框。

(3) 单击"下一步"按钮,在向导的第 2 个对话框的"应用程序类型"栏选中"单个文档"单选项,如图附 C-10 所示,然后单击"下一步"按钮。

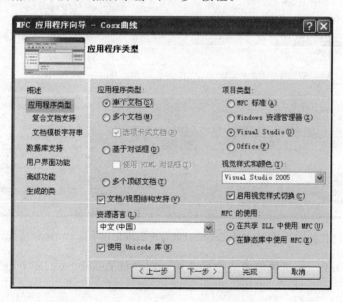

图附 C-10　选中"单个文档"后的对话框

本例中,该向导后续弹出的几个对话框中,一律选择默认设置,故此时直接单击"完成"按钮即可。

2. 创建项目 Cosx 曲线

（1）选择菜单项：视图｜类视图，打开"类视图"窗口。

类视图窗口用于显示程序中定义、引用或调用的符号。包括两部分：

- 对象窗格（上部）：显示一个可以展开的符号树，其顶级节点表示当前工程，本例的顶级节点即为"Cosx 曲线"。
- 成员窗格（下部）：显示当前对象的成员（数据成员、成员函数）。

（2）定位光标到 OnDraw 函数处。

- 在上部的对象窗格中展开"Ccosx 曲线"节点。
- 双击下部成员窗格中的 OnDraw(CDC * pDC)节点，打开"Cosx 曲线 View.cpp"文件，同时定位到 OnDraw(CDC * ,pDC)函数的头语句处，如图附 C-11 所示。

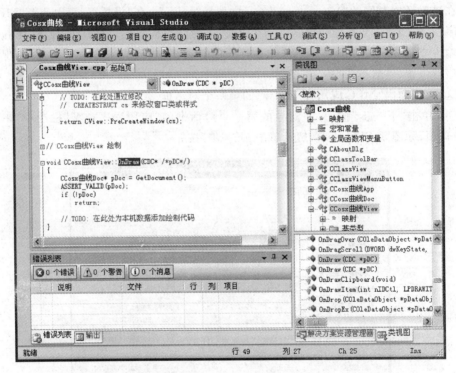

图附 C-11　类视图中 OnDraw 项与代码编辑器中的 OnDraw 函数

（3）去掉 OnDraw 函数形参表中的注解，即将"(CDC * / * pDC * /)"变为"(CDC * pDC)"。

（4）在"Cosx 曲线 View.cpp"文件首部添加如下代码，使其成为（阴影部分是自动显示出来的）：

```
// Cosx 曲线 View.cpp : CCosx 曲线 View 类的实现
//
#include "stdafx.h"
```

```
# include "Cosx曲线.h"
# include "Cosx曲线Doc.h"
# include "Cosx曲线View.h"
# include "cmath"
const int nPoint = 1000;
const float pi = 3.14159265;
# ifdef _DEBUG
# define new DEBUG_NEW
# endif
```

（5）在"Cosx 曲线 View.cpp"文件的 OnDraw 函数中添加如下代码，使其成为（阴影部分是自动显示出来的）：

```
void CCosx曲线View::OnDraw(CDC * pDC)
{
    CCosx曲线Doc * pDoc = GetDocument();
    ASSERT_VALID(pDoc);
    if (!pDoc)
        return;
    // TODO: 在此处为本机数据添加绘制代码
    //定义存放一系列坐标点的数组 pointArr
    POINT pointArr[nPoint];
    //定义 CRect 类变量(对象);获取当前视图大小
    CRect rect;
    GetClientRect(&rect);
    //画横轴坐标: 画笔移到起点;画到终点
    pDC->MoveTo(0,rect.Height()/2);
    pDC->LineTo(rect.Width(),rect.Height()/2);
    //计算一系列 cos 曲线的坐标值,存入 pointArr 数组
    for(int k = 0;k < nPoint;k++)
    {   pointArr[k].x = k * rect.Width()/nPoint;
        //计算横坐标(按窗体宽缩放);计算纵坐标(按窗体高缩放)
        pointArr[k].y = (int)(rect.Height()/2 * (1 - cos(2 * pi * k/nPoint)));
    }
    //画曲线
    pDC->Polyline(pointArr,nPoint);
}
```

3. 运行程序

本程序运行后，显示如图附 C-12 所示的窗口（视图），其中画出了 Cosx 函数曲线。

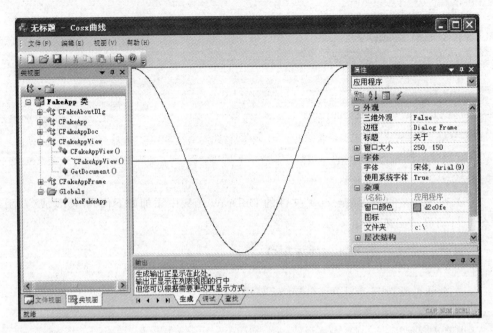

图附 C-12　画出了 Cosx 曲线的视图

参 考 文 献

［1］ 姚普选,齐勇.程序设计教程(C++).北京:清华大学出版社,2001.
［2］ 姚普选,仇国巍.程序设计教程(Visual C++).北京:清华大学出版社,2005.
［3］ 教育部高等学校计算机基础课程教学指导委员会.高等学校计算机基础教学发展战略研究报告暨计算机基础课程教学基本要求.北京:高等教育出版社,2009.
［4］ 谭浩强.C程序设计.北京:清华大学出版社,1991.
［5］ Deitel P J,Deitel H M,Quirk D T 著.徐波等译.Visual C++2008 大学教程.2 版.北京:电子工业出版社,2009.
［6］ 赵英良等.C++程序设计实验指导与习题解析.北京:清华大学出版社,2013.
［7］ 秦克诚.FORTRAN 程序设计.北京:电子工业出版社,1987.
［8］ 姚普选.全国计算机等级考试二级教程——公共基础教程.北京:中国铁道出版社,2006.
［9］ 许卓群等.数据结构.北京:高等教育出版社,1987.
［10］ 姚普选主编.大学计算机基础(第 4 版)实验指导.北京:清华大学出版社,2012.